种出一屋好空气

史玉娟◎编著

吉林科学技术出版社

图书在版编目（CIP）数据

种出一屋好空气 / 史玉娟编著. -- 长春 : 吉林科学技术出版社，2014.9
ISBN 978-7-5384-8175-4

Ⅰ.①种… Ⅱ.①史… Ⅲ.①观赏园艺 Ⅳ.①S68

中国版本图书馆CIP数据核字（2014）第204939号

种出一屋好空气

编　　著：史玉娟
出 版 人：李　梁
选题策划：赵　鹏
责任编辑：张胜利　周　禹
封面设计：长春创意广告图文制作有限责任公司
制　　版：长春创意广告图文制作有限责任公司
开　　本：710mm×1000mm　16开
印　　张：14
印　　数：1-5 000册
字　　数：200千字
版　　次：2015年2月第1版　2015年2月第1次印刷
出版发行：吉林科学技术出版社
社　　址：长春市人民大街4646号
邮　　编：130021
发行部电话 / 传真：0431-85635177　85651759
　　　　　　　　　　85651628　85677817
　　　　　　　　　　85600611　85670016
编辑部电话：0431-85630195
储运部电话：0431-84612872
网　　址：http://www.jlstp.com
实　　名：吉林科学技术出版社
印　　刷：沈阳天择彩色广告印刷股份有限公司
书　　号：ISBN 978-7-5384-8175-4
定　　价：39.90元

闲情雅致

女人养花是闲情，男人养花是雅致
养花种草从来都是陶冶性情、美化环境的好事
吸附灰尘、净化空气、清除甲醛、监测环境、增香除味
用绿植解决室内空气问题，自然、快乐、安全
从浇水施肥做起，手把手、全图解
满满都是清新，种出一屋好空气

Part 1 功能绿植
改善环境TOP10

监测环境的
10大植物

增香除味的
10大植物

Part 2 庭院栽培

创意造景零失败

Part 3 室内栽培

点亮生活好心情

室内栽培

Part 1

功能绿植

　　某日晒了一张来自草原的照片，绿树碧空。立马有人问，你这是来自星星的天空吗？大北京不早就是"雾都"了？

　　没错，去年整整一年，"雾霾"两个字都快成搜索关键词了，这种呼吸不顺畅，倒是非常让人有移居到星星上的冲动。

详解雾霾

　　顾名思义，雾和霾组成了雾霾。雾从我们很小的时候就有，一种天气现象，跟刮风下雨一样自然，甚至清晨的薄雾还甚有美感。不是有很多文艺青年都对清晨的薄雾情有独钟，

将其视为笼罩人眼睛的薄纱吗？但霾就不一样了，这个字是近两年才听到的。霾的核心物质是悬浮在空气中的烟、灰尘、硫酸、硝酸、有机碳氢化合物离子等，它会进入并黏附在人体下呼吸道和肺叶中，给人体的健康带来危害。霾可不是自然现象，它是环境污染、风速低等原因的表象。

烟尘的产生主要与煤炭的燃烧有关系，每燃烧1吨煤，便会产生3~11千克烟尘。烟尘不仅会刺激呼吸道、气管、肺部，还会与重金属粉尘相结合，在肺部沉积后进入血液，从而导致支气管炎、肺气肿，甚至是肺癌及血液疾病。

二氧化硫主要是从发电厂或是其他工厂排放出来的，有极强的刺激性。空气中二氧化硫浓度低时可导致呼吸道疾病和肺病，浓度高时会导致人死亡。

汽车尾气中会排放碳氢化合物和氮氧化合物，在光学反应下会生成醛类、二氧化氮和臭氧等有害物质，会刺激人体的眼睛、鼻子、气管和肺部。以上三种是霾的主要混合物，在污染重灾区，这些有害物质的浓度都相当高。

如果用人的眼睛分辨，雾是青白色的，深深吸一口气，会感觉有很多水气进入鼻腔；而霾是黄灰色的，深深吸一口气，会感觉鼻腔、喉咙发痒，会忍不住咳嗽或打喷嚏，因为霾中的有害物质给鼻黏膜和咽喉带来了不良刺激。

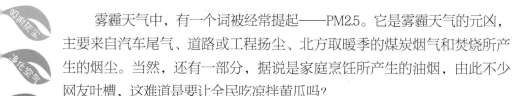

PM2.5

　　雾霾天气中，有一个词被经常提起——PM2.5。它是雾霾天气的元凶，主要来自汽车尾气、道路或工程扬尘、北方取暖季的煤炭烟气和焚烧所产生的烟尘。当然，还有一部分，据说是家庭烹饪所产生的油烟，由此不少网友吐槽，这难道是要让全民吃凉拌黄瓜吗？

　　且不说烹饪油烟占PM2.5的比重是多少，但多吃点凉拌菜还是没有坏处的。

雾霾对身体的影响

　　1. 危害呼吸系统。导致支气管哮喘、慢性支气管炎、阻塞性肺气肿和慢性阻塞性肺疾病等，病情加重还可能诱发肺癌。

　　2. 危害心血管系统。会导致心血管病、高血压、冠心病、脑出血等，还会诱发心绞痛、心肌梗死、心力衰竭等。因此，患有心血管疾病的老年人雾霾天气不宜外出。

　　3. 使致病菌增多。灰蒙蒙的雾霾天会削减紫外线的强度，紫外线是杀菌灭菌的，强度低了，致病菌自然会活跃，进而给传染病有了可乘之机。

　　4. 使过敏源增多。雾霾中的有害颗粒物很多，对于易患过敏的人来说是灾难，因此外出要戴口罩、戴帽子，做好防护工作。

　　5. 影响好心情。灰蒙蒙的天气会让人沉闷、压抑，易产生精神懒散、情绪低落的现象，完全无正能量可言。

室内空气就洁净吗

外有雾霾，遇到这种天气，解决办法中总有一条，那就是待在室内，可室内的环境就让人放心吗？这个不容乐观。

污染室内环境的主要有四大类：

1. 装修留下的化学物质。如甲醛、苯、氨等。一般人造板材中的甲醛会存留3~15年之久，而装修中所用的黏合剂、油漆、内墙涂料等都含有苯，大理石、陶瓷等含有放射性物质，会衰变出氡气等有害气体。

2. 油烟和香烟污染。如一氧化碳、二氧化硫、尼古丁等。室内的烟气污染已经备受重视，我国很多区域已明示禁止吸烟，因为尼古丁等对人体的伤害是巨大且不可逆的。

3. 家中的致病生物。如螨虫、苍蝇、蚊子、蟑螂等。

4. 物理性污染。如各种电器的辐射、噪音等。

别怕，植物来了

不管是室外的雾霾，还是室内的有害物质，植物都能起到一定程度的净化或警示作用。

1. 大名鼎鼎的光合作用。绿色植物在白天进行光合作用，吸收二氧化碳、释放氧气，属于天然的"制氧机"，根据实验测定，一个10平方米左右

 は左側、 省略。

吸附灰尘
净化空气
家装宜选
监测环境
播香除味
庭院栽培
室内栽培

的环境，摆放两盆中型的植物可有效降低二氧化碳浓度。

也有人担心，植物在夜间不是会释放二氧化碳吗？那不等于污染了室内环境？其实植物在夜间释放的二氧化碳仅为一个人呼出的二氧化碳的1/30，因此够不上威胁身体健康。

2. 吸附灰尘的能手。如果家里有几盆绿植，你会发现，过不了几天，植物叶片上就会覆盖上一层灰土，用抹布擦拭，叶片才能重新焕发光亮，这就是植物叶片的吸附灰尘作用。

实验表明，室内养殖绿色植物，可明显降低室内的飘尘，绿色植物包括龟背竹、橡皮树、吊兰、常春藤等。

3. 环境污染报警器。有些植物对有害气体是十分敏感的，譬如木槿，当木槿受到二氧化硫侵害时，它的叶片会变成灰白色，叶脉间会出现形状各异的斑点，且叶片很快会发黄掉落。还有雪松，这种植物对二氧化硫和氟化氢非常敏感，一旦受到侵害，它的针叶很快发黄、枯焦。

苔藓植物也具备监测环境的作用，苔藓植物的叶片多为单层细胞，污染物质会从叶的两面直接侵入叶细胞，银耳对外界环境中的污染物质非常敏感，一旦受到污染，苔藓立即会显现出病态，以此警告人们污染超标，要及时治理了。

现在，很多城市已广泛栽种"报警植物"。如蜡梅、紫薇、木槿、广玉兰、木芙蓉等，很多我们在公园或是步道见到的花草，像矢车菊、鸢尾、小金鱼草、美人蕉、鸡冠花、百日草、玉簪等，一是起到了装饰作用，让城市环境更美；另外一个重要的作用就是监测有害物质，因为他们对污染物质的反应要比人敏感很多。举个简单的例子，当空气中氟化氢的污染浓度只有百万分之几时，雪松就开始报警了，这样能提示人们尽快采取措施，治理污染。

植物监测的好处在于：首先，植物对环境污染很敏感，因此反应污染的速度会更迅捷，甚至比仪器探测还要快很多，有时某种污染仪器还没能探测出来，但植物已经显示出叶片出现斑点或花色有变化。其次，栽种植物进行监测要比使用仪器节省经费，如果对植物保护得当，更加一本万利。最后，植物强大的监测作用，不仅只用在现在，过去曾经发生过的污染，植物也能监测出来，譬如某地曾受到某种有害物质污染过，仪器是测不出来的，但植物能监测出来。

有害物质	监测植物
二氧化硫	雪松、向日葵、胡萝卜、菠菜、芝麻、栀子花
氟化氢	郁金香、杜鹃、大叶黄杨、桃树、唐菖蒲、海棠、连翘
臭氧	女贞、丁香、牡丹、紫玉兰、葡萄、苜蓿
氧化氮	向日葵、杜鹃、石榴
氯化氢	落叶松
光化学烟雾	矮牵牛、早熟禾
汞蒸气	柳树、女贞
放射性物质	紫竹梅

吸附灰尘

净化空气

家装宜忌

监测环境

增香除味

庭院栽培

室内栽培

3. 超强的抗菌净化作用。有些植物有非常强大的抗菌能力，如常春藤、铁树一天可去除香烟、人造纤维中释放的80%的苯。芦荟、吊兰等对甲醛有吸收作用。虎皮兰、月季等能够吸收二氧化硫。

4. 增加室内湿度。植物的蒸腾呼吸等生理活动，可以为室内增加湿度，它的增湿效果远比加湿器要好用。尤其在干燥寒冷的冬春季节，室内摆放适量的植物，可让环境变得更舒适宜人。

大多数植物都能由根系，从土壤中吸取水分，然后通过蒸发和蒸腾作用，将这些水分由枝叶散发到空气中，使空气的湿度增加，温度下降，让居室环境更加舒适。

5. 吸收外界噪音。绿色植物中，有着茂密枝叶的灌木和乔木对噪音的吸收功能最强大。有实验表明，10米宽的林带可使噪声减弱30%，而当林带宽增加到20米宽、30米宽时，噪声可减弱40%~50%。植物对噪声的阻隔作用

不仅与林带宽度有关系，还与植物品种有关，如柏树、水杉、海桐等，因其枝叶茂密，上下均匀，因此隔声效果更好。

如果你住在临街的位置，窗外车水马龙、噪声不息，除了室外的树木隔声外，不妨在窗口位置摆放几盆株型相当的柏树，它们能把噪音的干扰降低30%左右。

6. 天然的增香除味器。很多植物给人的第一感受，便是气味清香怡人。所以才有那么多的居室除味剂，仿照玫瑰气味、茉莉气味等。与其去买化学制品，不如真正养几盆植物。如紫罗兰的香味能杀死结核菌、葡萄球菌等，它的香味还能让人心情爽朗、精神焕发。而有些香草的气味还能调节神经，达到舒缓情绪、镇静安眠的作用。如果工作效率不高，可以闻一闻迷迭香的气味，能够让人集中精力，从而对提升工作效率有帮助。

7. 神奇的情绪调控师。有实验表明：黄橙色的柠檬或是红红的石榴果可以让有抑郁情绪的人变得心情愉快；而长期处于喧闹环境中的人看看洁白的水仙或是紫罗兰，会有宁静心绪的作用。如果是长期伏案工作的人，不妨在室内多摆几盆绿色植物，绿色会有宁静心绪，消除疲劳感的作用。

空气净化数据

净尘：每公顷云杉每年可吸附灰尘32吨，每公顷松林可吸附灰尘36吨，每公顷水青冈可吸附灰尘68吨。每平方米的榆树叶，一昼夜可滞留尘埃3克；每平方米的夹竹桃叶片，每昼夜可滞留尘埃5克。

净化：每千克柳树叶每月可吸收3.2克二氧化硫；每千克石榴叶每月能吸收7.5克二氧化硫；每公顷柳杉林每年可吸收二氧化硫720千克，每公顷柑橘叶片每年可吸收二氧化硫1440千克；臭椿的叶片对净化二氧化硫也有明显作用，被二氧化硫污染的地区臭椿叶片的含硫量比没被污染的地区高出30倍。

不同树种对氟化氢的吸收能力分别是：每公顷洋槐能吸收3.4千克，垂柳能吸收3.9千克，桑树能吸收4.3千克，油茶能吸收7.9千克，拐枣能吸收9.7千克，银桦树能吸收11.8千克。

不同树种对氯化物的吸收能力分别为：每公顷洋槐能吸收42千克，银桦能吸收35千克。

杀菌：1公顷圆柏林一昼夜能分泌30千克杀菌素。黑胡桃、柠檬桉、悬铃木、复叶槭、樟树、天竺葵、柠檬、肉桂等都是"杀菌能手"。

吸附灰尘的10大植物

植物吸附灰尘的功能很强大，种植到室外，可以将空气中飘浮的灰尘颗粒等吸附到叶片上，这样就能减少致敏原的扩散，降低患病概率。同样在室内，植物的这种吸附作用可以吸附室内的灰尘，可以称得上是天然吸尘器，节能又环保。

常春藤

是一种匍匐型的垂挂植物，悬在窗边或是摆放在书架上，装饰效果很理想，同时它吸附灰尘的作用强大，在2平方米的空间内摆放2盆常春藤，能有效降低室内浮尘。

石榴

有一句民间花卉谚语"花石榴红似火，既观花又观果，空气含铅别想躲"。石榴可有效降低空气中的铅含量，石榴还对很多有害气体都有抑制和净化的作用，而且，它净化灰尘的作用也相当明显。开花可观花，结果可观果、食果，石榴在生活中的作用真是相当强大。

栀子花

一提到栀子花，首先会想到它芳香怡人的气味，其实，栀子花对很多有害气体都有抑制和净化的作用，如氯气、氟化氢、臭氧等。还能有效吸纳空气中的粉尘，在天干物燥的季节，家里摆放几盆栀子花，可降低吸入粉尘的概率。

吸附灰尘

净化空气

家装首选

监测环境

增香除味

庭院栽培

室内栽培

丁香

丁香是很多城市的绿化植物之一，每到春季，丁香花盛开，不仅美而且香气四溢。丁香能抵抗二氧化硫、氟化氢等有害气体，而且还有滞留粉尘的作用，不论是城市绿化，还是庭院绿化，栽种一些丁香，又能净化，还可增香，是一举两得的好事。

丁香花提炼出的丁香油、丁香酚有很高的药用价值，丁香油可杀菌、解除紧张、振奋精神、促进血液循环等，还可以治疗皮肤溃疡，使发炎处尽快痊愈。

大叶黄杨

大叶黄杨能抵抗很多有毒气体，但它最强大的地方在于，能吸纳和滞留尘土、烟雾，如果庭院中栽种一些大叶黄杨，空气中的致敏物质将会少很多。

橡皮树

成年的橡皮树株型高大，叶片油亮，观赏价值很高。橡皮树是一个多面手，它可以吸附很多有害气体，而且还能起到滞留灰尘的作用，如果居室内摆放大株橡皮树，空气会得到有效净化。

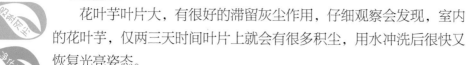

花叶芋

花叶芋叶片大，有很好的滞留灰尘作用，仔细观察会发现，室内的花叶芋，仅两三天时间叶片上就会有很多积尘，用水冲洗后很快又恢复光亮姿态。

兰花

兰花的净化作用也是尽人皆知的，不论蝴蝶兰、大花蕙兰、国兰、剑兰等，都能净化多种有害气体，并能滞留空气的灰尘和漂浮物，而且兰花姿态优美，是室内装饰植物的首选。

紫薇

紫薇可抵抗二氧化硫、氯气、氯化氢等有害物的侵害，同时还有很好的吸附粉尘的功用，现在很多城市都在绿化带栽种紫薇，一是紫薇花开时花团锦簇、非常喜庆，能够美化城市，二则紫薇是良好的净化树种，可使空气更洁净。

吸附灰尘
净化空气
家装首选
监测环境
搜香除味
庭院栽培
室内栽培

银皇后

　　银皇后是天南星科万年青属的植物，它和万年青、白雪公主等一样都对光照需求不多，可以健康生长在潮湿阴暗的环境中，而居室中的厨房、卫浴间常常受限不可摆放植物，银皇后刚好补缺，银皇后叶片繁茂，可有效滞留灰尘和病菌等，且能吸收甲醛、二氧化硫等有害气体。

月季

月季对很多有害气体都有吸收、净化的作用，如对二氧化氮、二氧化硫、硫化氢、氟化氢、苯、氯气等，此外，月季可以有效地净化汽车尾气，很多北方城市将藤本月季栽种到路边或是隔离带中间，便是使其起到净化尾气的作用。

龟背竹

龟背竹叶形奇特，装饰效果很好。而且龟背竹被誉为"天然清道夫"，很多植物在白天释放氧气，吸收二氧化碳，龟背却在夜间吸收二氧化碳，且吸收能力高于其他植物6倍之多。

棕竹

棕竹对净化重金属污染比较明显，而且棕竹的盆栽一般都是中、大型植株，植株蒸腾效率高，有效增加室内湿度和负离子浓度，春秋干燥季节适合选种棕竹。

吊兰

据测，一盆吊兰能将10平方米以内的空间中80%的有害物质都吸收掉。此外，吊兰还能吸收尼古丁，也就是说，家中要是有吸烟人群，摆放几盆吊兰，就能有效降低二手烟的危害。

非洲菊

打印机、复印机排放出来的苯被人体吸收后会损害健康，但非洲菊是很好的净化植物，也就是说，如果在办公室摆放几盆非洲菊，那就不必担心苯污染了，而且非洲菊还能吸收尼古丁，因此办公区、会议室等处都是非洲菊的最佳摆放地。

金橘

金橘几乎对所有有害物质都有抵抗和净化的作用，它的叶片还能有效滞留灰尘，而且金橘果实金黄、硕果累累，放到室内能起到增添喜庆的效果，是馈赠亲朋好友的最佳选择。

蟹爪兰

蟹爪兰可以在夜晚吸收大量的二氧化碳，有效增加居室内负离子的浓度，使空气湿度增加、温度下降，更具舒适感。

黄毛掌

黄毛掌是仙人掌的一种，养殖方法很简单。黄毛掌可以净化二氧化硫和氯化氢，将这些有害气体吸收后，转而释放大量氧气，它不仅能吸收有毒气体，还能增氧，非常适合室内养殖。

晚香玉

晚香玉可净化二氧化硫和氯化氢，同时还能吸收二氧化碳，释放氧气，增加空气中负离子浓度，但同时晚香玉香气浓郁，不适合在室内栽培，如果有个小的庭院，晚香玉是很好的净化空气植物。

白鹤芋

大多数植物，尤其是具有净化作用的植物都喜欢光照，只有足够的光照才能让它们进行正常的光合作用。因此你必须将它们放在南阳台等光照足的地方，但白鹤芋就不一样了，它不喜欢光照，喜欢潮湿荫蔽的环境，而且它还能吸收有害气体，净化空气，想想室内的卫生间，是不是还没有植物装饰？那就把白鹤芋请过去吧。

家装宜选的10大植物

杜鹃

杜鹃对氧化亚氮、二氧化硫，以及大理石等释放的放射性物质有吸收作用，刚装修完的居室，可选种几盆杜鹃，一来净化装修材料中的有害物质，二来杜鹃花色鲜艳、喜庆，为居室增添祥和的氛围。

绿萝

绿萝对甲醛的净化能力是植物中数一数二的，装修后，居室内一定要摆放绿萝，而且，绿萝对油烟也有一定净化作用，平时可在厨房里摆放绿萝，能起到净化厨房有害物质的作用。

蜘蛛抱蛋

也称一叶兰，它的净化效果超强，可以将居室空气中80%的有害气体吸收掉，尤其是甲醛。因此装修后选种几盆蜘蛛抱蛋，摆放在高花架上，株型简洁美观，适宜装扮简约大方的居室，且能有效净化环境。

龙舌兰

有实验显示，在10平方米的居室中，一盆中型龙舌兰能吸收掉70%的苯和50%的甲醛，且对三氯乙烯也有很强的净化作用。因此，装修后，根据房间面积大小可选种几盆龙舌兰。

菊花

装修后，地毯、板材、壁纸等会释放出大量甲醛、二甲苯、氟化氢等有害物质，软装后入住前这段时间，多买几盆菊花摆放，尤其是铺了地毯的房间，可适当多放。

芦荟

芦荟体型小巧，而且生长缓慢，即便很小的空间，也可以摆放芦荟，而且它不需要过多照料。芦荟对甲醛、二氧化硫、硫化氢、三氯乙烯等都有很好的吸收作用。

冷水花

冷水花属小型的观叶绿植，叶面花纹很有特点，叶色浓绿，很适合点缀书桌、办公桌等处。家装后，建材及家具油漆会释放甲醛、硫化氢等有害气体，冷水花可有效将其净化掉，使居室空气洁净。

苏铁

苏铁外形强劲，针叶很硬，如果家里有幼儿，最好摆放孩子不易碰触到的地方。苏铁可有效去除香烟烟雾中的有害物质，家装后，肯定会购置地毯、抱枕、挂毯、窗帘等很多织物，苏铁可有效净化织物中的苯，且吸收能力高达80%。

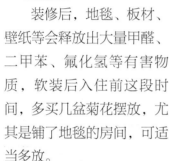

扶桑

　　扶桑花会吸收苯和氯气，很适合家装后室内栽培。而且扶桑花花型美、花期长，颜色有鲜红、粉红和黄色等，都是鲜艳、靓丽的颜色，能给居室增添喜气。

红掌

　　红掌可以净化装修后，房间内残留的甲醛、二甲苯、甲苯等有害物质，对氨也有一定的吸收能力，因此适合摆放在刚刚装修好的新居内。

牵牛花

牵牛花中含有花青素，这种色素遇碱变成蓝色，遇酸变成红色，空气中早晨二氧化碳浓度相对较低，而到下午，二氧化碳浓度升高，牵牛花对它的吸收率也逐步增多，所以酸性提升，会由早上的蓝色变成红色。如果你仔细观察，会发现牵牛花早晨蓝色，下午变红色这一奇特现象，现象背后的原因就是上面说的。

雪松

雪松对二氧化硫和氟化氢很敏感，如果周围二氧化硫或氟化氢浓度高，雪松的针叶会由绿变黄，甚至枯萎掉落。

唐菖蒲

唐菖蒲对监测氟化氢非常敏感，当大气中氟化氢浓度超标时，一昼夜内唐菖蒲的叶尖和叶缘就会出现油浸状褐色带，然后逐渐枯黄。

吸附灰尘

净化空气

家装首选

监测环境

增香除味

庭院栽培

室内栽培

紫竹梅

紫竹梅能够检测出周围是否有放射性物质，若有放射线，它的花朵会由紫红色变成白色，而且转变速度会很快。

虞美人

虞美人对硫化氢污染反应敏感，一旦被侵害，叶片边缘就会变焦，或是叶面上出现斑点。

牡丹

牡丹对臭氧极其敏感，如果大气中的臭氧含量高于1%，牡丹叶片上就会出现斑点，叶片的颜色也会受到一定影响，譬如原来是绿色的叶片，会因受臭氧污染程度的不同，而变成红褐色、浅黄色或是白色。

连翘

连翘能监测二氧化氮、臭氧和氨气，连翘的正常叶色是绿的，如果遭到二氧化氮侵害时，叶脉或叶缘会出现条纹和斑点；被臭氧侵害时，叶片表面会有白色斑纹或黄色斑纹出现；被氨气侵害时，叶片会发黄。

三色堇

三色堇可有效监测二氧化硫，当被二氧化硫侵害时，三色堇的叶片会出现斑点、斑纹，由绿变成黄色、灰白色。

碧桃

碧桃可监测氯气和硫化物，当被这两种有害物质侵害时，碧桃的叶片会出现大量枯黄斑点，慢慢地叶片会枯萎，全株死亡。

矢车菊

矢车菊对二氧化硫非常敏感，周围二氧化硫浓度升高，会使矢车菊全株倒伏，严重会少花或根本不开花。

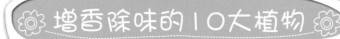

增香除味的10大植物

吸附灰尘

净化空气

繁殖容易

监测环境

增香除味

庭院栽培

室内栽培

茉莉

茉莉花清新淡雅，不论栽种在庭院中，还是摆放在居室里，都能使环境飘香。同时茉莉还有超级强大的杀菌效果，它所释放的挥发油，可以抑制或杀死葡萄球菌、肺炎球菌、结核杆菌、痢疾杆菌等。

薄荷

薄荷的种类很多，常见的有柠檬薄荷、马薄荷等，薄荷分泌出的挥发油具有抑制及杀灭多种细菌的作用。如果感冒头痛、鼻塞不畅，揪下几片薄荷叶，用双手揉搓出气味，埋头闻香，可起到缓解头痛和鼻塞的作用。此外，薄荷的气味独特，提神醒脑，如果摆放在办公桌边，能起到提升工作效率的作用。

米兰

　　米兰是种很著名的芳香花卉，它的黄色的如米粒似的小花虽然貌不惊人，但气味淡雅清香，有镇静安神的作用。米兰能够吸收塑料、装修材料中释放出的有害气体，而且它的挥发油还能有效抑菌。在居室的窗边摆放米兰，尤其是进风口处，让香味飘散到居室中，若隐若现，别有情致。

吸附灰尘

净化空气

家装首选

监测环境

增香除味

庭院栽培

室内栽培

风信子

风信子的香气并不如其他花卉植物那般浓郁和特点显著，除非置身于一大片风信子花海中，或是近身细细嗅闻，否则还真闻不出风信子的香气。但它所散发的挥发油，可以有效抑制细菌生长，而且它的气味能缓解疲劳，使人精神振奋。

含笑

含笑的气味幽香，它所释放出的挥发油，可以杀灭肺炎球菌和肺结核杆菌，盆栽的小植株含笑可以用来装饰书房、客厅等，大植株的含笑可以用来美化庭院。

昙花

很多人用"昙花一现"来形容它美好的姿态，却很少有人说起昙花的清香。昙花的气味素雅温和，最可贵的是，昙花还是夜间吸收二氧化碳、释放氧气的植物，也就是说，即便把它放到室内，也不会同人争夺氧气。

金银花

金银花的气味芬芳怡人，它所释放出的挥发性油类可以杀灭细菌，而且金银花还能抵抗二氧化硫、二氧化碳和氟化氢，是净化庭院空气、给居室增香的最佳植物。

吸附灰尘

净化空气

繁殖方法

监测环境

增香除味

庭院栽培

室内栽培

桂花

　　桂花的香气怡人淡雅，还有一种香甜味，在南方很多食物都是用桂花制成的，如桂花糕、桂花酒等。桂花可以抵抗二氧化硫、氟化氢等，同时还是给居室增香的植物。

紫藤

　　紫藤花开时场面壮观，且香气清幽，如果家中有天台或是庭院，可使紫藤搭架生长，紫藤还能净化空气中的二氧化硫、氟化氢等，栽种紫藤，可起到净化增香的双重作用。

水仙

　　水仙是球根花卉中的优良品种，我们国家的水仙要属漳州水仙最为著名。水仙对氮氧化物的净化作用超强，它可以将氮氧化物转化成自身需要的物质，供给生长。水仙的香气清淡悠长，能使人感到精神愉悦，冬日里，很多观赏花卉都凋零了，唯独水仙争先绽放，为漫长的冬日增加一缕幽香。

Part 2
庭院栽培
创意造景零失败

吸附灰尘
净化空气
家装首选
监测环境
搬毒除味
庭院栽培
室内栽培

蜡梅

别称：腊梅、干枝梅、黄美梅花、香梅等

原产地 原产地在我国，四川、湖北、陕西均有分布，其中河南省鄢陵县的蜡梅最为著名，有"鄢陵蜡梅冠天下"之说。

外　貌 蜡梅叶片椭圆形，对生，叶色深绿。花黄色，带蜡质，花朵清香。蜡梅常在寒冬时节绽放，12月到翌年1月是自然花期，皑皑白雪中其他花卉都凋零了，唯有蜡梅在雪中开放，有古诗赞颂蜡梅："梅需逊雪三分白，雪却输梅一段香。"虽寓意各有所长，但在寒冷的季节，冰天雪地里屹立盛开的也只有蜡梅了。

Tips: 蜡梅VS梅花

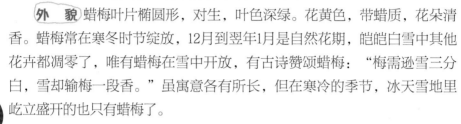

很多人误以为蜡梅就是梅花，其实它们之间有很大差别，蜡梅的自然花期在入冬时，梅花则在春3月；蜡梅花色以黄为主，梅花则有白、粉、紫红等多色；蜡梅叶片对生，梅花叶片互生；蜡梅花瓣蜡质，梅花花瓣柔软。

○净化功能

蜡梅可吸收空气中的汞蒸气，有效改善空气质量。所谓汞就是我们常说的水银，生活中一般很难见到水银，最常用的有水银的用品也就是体温计，但体温计中水银的含量微乎其微，如果不慎将体温计打碎，水银淌出，应立即打扫房间，用抹布擦除，并开窗通风，一般不会对人体造成损伤。水银只有加热蒸发成汞蒸气才会给人体带来危害，造成汞中毒，但汞的沸点很高，加热到三四百摄氏度形成汞蒸气的，除非外界化学污染。如若担心汞蒸气危害，蜡梅的花朵可提取芳香油，制成香料。

科属
蜡梅科蜡梅属

○空间布置

　　蜡梅一般是庭院栽培，选择向阳温暖的地方，避免背阴。如果想放到室内栽培，那要选择小植株，紫砂盆、陶盆等透水透气好的都可以使用，但蜡梅生长较快，所以每年都需要换盆和修枝，而且蜡梅喜肥，要经常施肥，室内种植比较麻烦，更推荐庭院栽培。

吸附灰尘

净化空气

家装首选

作观环境

增香添味

庭院栽培

室内栽培

○栽培管理

1. 介质：蜡梅喜欢疏松、肥沃、透水透气性好的沙质土壤。菜园土＋腐叶土＋粗河沙＋腐熟鸡粪肥＝1：2：1：少量。

2. 浇水：宁干勿湿。有句俗语叫"旱不死的干枝梅"，意思是蜡梅不喜水，不需要经常浇水。有两个时期最忌水多，一个是开花前期，另一个是花期，水多会导致落蕾或花小、花少。

炎热的季节可适当多浇水，早晚各一次。但在雨季则要减少浇水，而且还要避免积水。庭院栽培比较接地气，所以一般等土壤干透再浇水都可以。

冬季浇水要选在温度稍微高些的正午，井水、雨水、河水最佳，如果是自来水，最好放置一两天再用。

○ 施肥

蜡梅喜肥，每年修枝翻盆时都需要施足盆底肥，在生长期间，还要及时追肥。蜡梅所需的肥料，以磷钾肥为主，氮肥少施，这样可使蜡梅开的花大，而且香气更浓郁。

三元素肥料的作用

氮肥促进枝叶生长，磷肥促进花久艳丽，钾肥促进根系生长。

5~6月间每周施肥一次，腐熟饼肥水。

7~8月每隔半月到一个月施一次磷钾肥，肥水要稀薄。

10月份堆一次腐熟的干饼肥。

11~12月每月施一次有机液肥。

以上是蜡梅每年所需施肥的总量。

肥料汇总

饼肥：饼肥是油料的种子经榨油剩下的残渣，如豆饼、花生饼、菜籽饼、麻酱渣等。这类肥料含氮比较多，作为底肥比较好用，用前要充分腐熟。腐熟就是用适量水浸泡，直至饼肥完全腐烂被水稀释后，进行浇根使用。饼肥在腐熟前是干饼肥。

有机液肥：有机液肥含有丰富的微量元素，除了氮磷钾三大元素外，还含有钙、镁、硫、锌等，而且有机液肥肥效高、流失少、操作方法简单、环保绿色，不会对环境造成污染。

○日常养护

1. **光照**：蜡梅喜欢光照、也喜高温，夏季不必遮阴，但风大时要做一些防风措施。

2. **温度**：越冬的最低气温是-15℃，但开花的最佳温度在0℃~-10℃之间，也就是要想让蜡梅开花，必须在-10℃以上。

3. **修剪**：蜡梅生长快，因此必须着重修剪，修剪工作一般在每年的3~6月间进行，老弱病残、虫病害的枝条全都剪去。

4. **繁殖**：主要是分株、压条、嫁接，也可以播种，但一般播种的苗，培养三四年后才会开花。

5. **病虫害**：蜡梅的病害少，虫害较多。

病害如炭疽病、叶斑病，可用百菌清或多菌灵溶液喷施。

虫害有蚜虫、介壳虫、刺蛾、卷叶蛾等，少的时候用手捕捉，多的时候要喷一些杀虫剂。

Q：蜡梅可以制作盆景吗？

A：当然可以。如果室内栽培的话，可选用造型别致精巧、大小适合的紫砂盆，上盆时对蜡梅植株进行适当修剪造型。

Q：蜡梅可以做鲜切花吗？

A：可以，选取植株上花蕾多、马上要开花的枝条剪下，插到注水瓶中摆放在室内，花开可保持一个月左右。但注意要每天给花瓶换水。古籍中有记载：蜡梅"若瓶供一枝，香可盈室"。

Q：蜡梅可以食用吗？

A：中医学认为，蜡梅能生津解暑、开胃散郁、止咳平喘，是清热解毒的良药。如果家中食用，可在药店购买上乘的干燥花蕾，泡水当茶饮用，或制作菜肴，鱼头汤、豆腐汤、白粥中都可以加入蜡梅花蕾，不仅能给菜肴增加香气，而且清热去火，在春夏季节食用，能调理身体健康。

Q：花中四君子包括哪四种？

A：梅花、兰花、翠竹、菊花被称为"花中四君子"。它们分别代表着"傲、幽、坚、淡"四种品质。其中梅花所代表的即是高洁、傲骨，在逆境中迎雪绽放。

Q：作为城市绿化树木，蜡梅最宜布置在何处？

A：吸收汞蒸气是蜡梅独有的净化特色之一，因此医院、学校或是一些医药科研单位周边，最应栽培蜡梅，既可以净化周边空气，还可避免有毒气体向外扩散。

紫薇

吸附灰尘
净化空气
栽培宜选
监测环境
提香除味
庭院栽培
室内栽培

别称：百日红、满堂红、痒痒树

原产地 原产地在亚洲南部及澳洲北部，现在全国各地均有栽培，其中江苏、江西、浙江、安徽、山西、北京等地均有栽培，紫薇已经成为诸多城市的重要绿化树木。

外貌 紫薇叶片卵圆形，叶色翠绿光滑，对生，具短柄。花有6瓣，边缘曲折，有不规则的缺刻，花色有紫红色、粉红色、白色等。每年6~10月是紫薇的花期，成片的紫薇盛开在公园绿地或是道路两边，花团锦簇、绚丽灿烂。在所有的开花植物中，紫薇的花期是比较长的，杨万里曾有一首诗恰好描述过此事："似痴如醉丽还佳，露压风欺分外斜。谁道花无红百日，紫薇长放半年花。"

Tips: 紫薇为何别称痒痒树

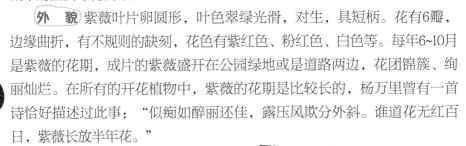

长成的紫薇树，每年都会蜕皮，退掉老皮，长成新皮，但长成老树后，蜕掉老皮后就不再长新皮了，整个树干光滑无皮，如果轻轻碰触一下，紫薇的枝叶会颤动，甚至会发出类似"咯咯"的声音，这种现象很像怕痒的人们"咯咯"笑，所以便把紫薇叫做痒痒树。

净化功能

紫薇可以抵抗二氧化硫、氯气、氯化氢、氟化氢等有害气体，它的叶片还能吸滞粉尘，据测算，1千克的紫薇叶片可吸收10克左右的硫，每平方米可吸滞灰尘4.5克左右。现在很多城市的公园、道路两侧、公共绿地都栽培大量紫薇，主要是因为它良好的净化效果。

紫薇花有香味，它所释放的挥发性油，可以有效杀菌。实验证实，紫薇的挥发油在5分钟内就可以杀死白喉菌和痢疾菌等有害细菌。

紫薇属于落叶灌木或小乔木，会长成较大植株，而且生长也比较迅速，所以更适合栽种在室外，在庭院中成片种植，会形成一个良好的庭院小气候。而且紫薇喜肥，要经常施肥，如果是饼肥或是无机肥料，多多少少都会有一些臭味，影响居室内气味。

科属
千屈菜科紫薇属

○空间布置

如果推选一种植物，既花色明艳绚丽，又能净化空气，那非紫薇莫属。一般情况下，说到净化最好的植物，很多都是观叶的绿植，即便开花，也不如紫薇这样满树繁花，远远望去，花团锦簇、如火如荼。将其栽种在庭院中，或是院落周围，美化环境不说，还能聚财增寿，寓意家庭兴旺发达。

因为在周易中，紫薇老树是吉祥树，家中栽培，能使各种运势更旺盛。

○栽培管理

1. 介质：肥沃、富含有机质、排水好的土壤适合栽培紫薇。可选腐叶土、河沙、煤灰、少量底肥混合配制。

2. 浇水：紫薇耐干旱，忌水涝。春季保持土壤湿润，冬季要求土壤微微干燥，夏秋两季可每天浇水1次，如果遇到暴雨或是连阴天，则减少浇水量和浇水次数，雨后要注意做好排水工作。浇水最好用井水、河水，若是自来水，要放置几天后再浇水。

○ 施肥

　　紫薇喜肥，春夏季是生长旺季，要适量多施肥，每隔10天施一次营养元素全面的有机液肥，秋季减少施肥量，可每半月或隔月施一次肥料。入冬后，需要停止施肥。

　　5、6月之间要施一次磷钾肥，促进花大、花色艳丽、花期长。

　　紫薇的肥料以三元素肥为主，配合有机液肥和磷钾肥，底肥可选骨粉和腐熟干饼肥。

关于紫薇仙子的传说

　　年是个凶猛的怪兽，关于他的事迹在很多传说中都出现过。据说年又出来祸害人间百姓，天上的紫微星下凡，将年捉住并锁在山中，这个年神通广大，紫微星怕自己一走年又逃出深山，于是他就留在了人间，化成了片片紫薇树。

　　后人就将变成紫薇树的紫薇仙子看做是平安、幸福、祥和的象征，从这个角度讲，院落中栽培紫薇树会招财旺家。

　　顺带科普一个花卉礼仪，如果亲人朋友的公司开业，可以赠送紫薇，它寓意红红火火，财源兴盛。

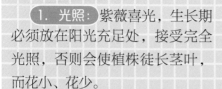

○日常养护

1. 光照： 紫薇喜光，生长期必须放在阳光充足处，接受完全光照，否则会使植株徒长茎叶，而花小、花少。

2. 温度： 3年以下的小植株室外越冬要做一些防护保暖措施，3年以上的成年植株可在室外安全越冬，但要开花，温度必须保持在25℃以上。

3. 修剪： 紫薇的枝条生长很快，但新枝都比较细长，必须经常修剪，在开花期间，凡是残花的枝条都要及时修剪掉，这样避免残花枝条耗损养料，能延长花期。入冬前，要进行一次大规模的修剪，凡是病虫枝、细弱枝、枯枝都要修剪掉，紫薇的枝条细长，比较容易造型，如果要给紫薇树造型，需在修剪时结合进行。

4. 繁殖： 主要是播种、分株、扦插。播种与扦插一般春季进行，分株则在10月份花期过后比较适宜。

5. 病虫害： 紫薇比较容易遭受病虫害。对植物的病虫害，预防重于治疗，保证充足的光照、保证通风良好这两点非常重要。

病害主要有白粉病、褐斑病和煤烟病，这三种植物病害都是真菌感染，主要危害的是紫薇的叶片，轻则叶片脱落，重则整株叶片掉落，花蕾掉落，植株枯死。

虫害主要是一些蛾类，少时可人工捕捉，多了就需要喷洒一些杀虫剂。但在庭院栽培中，杀虫剂最好选择绿色环保型的，避免化学性杀虫剂造成环境污染。

○养花Q&A

Q：紫薇的品种与花色？

A：紫薇主要有四个品种，紫薇——花色紫红色；翠薇——花色蓝紫色，叶色暗绿；赤薇——花色火红；银薇——花色纯白或是淡淡的粉色。

Q：有哪几个城市用紫薇做市花？

A：河南省安阳市、济源市；山东省泰安市、烟台市；江苏省徐州市、金坛市；四川省自贡市；湖北省襄阳市等。

木槿

吸附灰尘

净化空气

变装宜选

监测环境

增香除味

庭院栽培

室内栽培

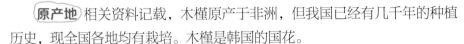

别称：无穷花、荆条、白槿花

原产地 相关资料记载，木槿原产于非洲，但我国已经有几千年的种植历史，现全国各地均有栽培。木槿是韩国的国花。

外　貌 木槿属落叶灌木或小乔木，我们日常常见的品种主要是大叶和细叶两种，大叶的花多成簇，开放时极为壮观。小叶的枝干较为光滑，叶片小，花粉红色。木槿花有单瓣和复瓣之分，花色比较多，目前已知品种有40多种。

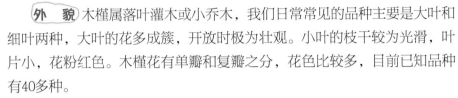

Tips: 我国最早对木槿的记载

《诗经》："有女同车，颜如舜华。"舜华指意木槿花，也就是早在3000多年前，我国就已经在栽培木槿了，并认为这种花像年轻女孩的娇艳容颜一样美丽。

○净化功能

木槿可净化和监测二氧化硫，净化氯气、氯化氢等有毒气体，而且还有极佳的吸尘功能。据试验证实：当木槿受到二氧化硫侵害时，它的叶片会失去绿色，变得灰白、发黄，严重时枯萎掉落，且叶脉之间会出现形状不一样的斑点。木槿虽能监测出二氧化硫，但它对氟化氢却有抵抗作用。据测定，距离氟化氢污染地200米左右的地方，木槿还是能正常生长，毫不受到影响。

○空间布置

　　木槿一般都是栽种在庭院中，或是围墙边，不太适合在居室内部种植，因为成株的木槿有2~6米高，超过了一般居室的层高。但木槿是可以盘曲成其他造型的，它的枝条细长，易于弯曲，造型成花篮或是其他形状，便可以装饰居室。

　　木槿花期很长，可从五六月份一直开到秋风飒飒时，而且病虫害少，容易管理，品种丰富，花朵大、花色丰富，属于良好的庭院装饰净化花卉。

科属
锦葵科木槿属

吸附灰尘

净化空气

繁殖方法

监测环境

增香除味

陈况栽培

室内栽培

○栽培管理

1. **介质**：对土壤要求不严，微酸或微碱性土壤都可以栽培木槿。菜园土、河沙、腐叶土混合即可作为木槿的栽培介质。

2. **浇水**：木槿喜湿，整个生长期都忌干旱，从5月份到10月份都要充分给水，保持土壤湿润，盛夏时，早晚都要浇水一次。花期过后，每周浇水2~3次，入冬后可停止浇水，直到第二年春天开始恢复浇水，在华北地区，木槿是可以室外露地越冬的，越冬期间不要浇水。

○ 施肥

　　木槿耐贫瘠，即便不施肥也能顺利生长，我们常在路边或是公园步道看到木槿，很多都是春季发芽后就从未施过肥的，但一样长势良好。作为庭院栽培的装饰植物，可在开春时，在植株旁边挖个深坑，堆一些干饼肥，如果希望花期延长，开花期间施1~2次磷钾肥。

○日常养护

　　1. 光照：木槿喜光，可耐半阴。庭院的南面或是东、西面均可，只要不是北面长期背阴处都可以。但光照充足会使植株叶绿花艳，花期时间长，如果是装饰庭院，最好栽种在围墙外或院门两边。

　　2. 温度：最适合木槿生长的温度是15℃~28℃，温度持续在25℃以上一周左右木槿才可以开花，北方可在室外越冬。

　　3. 修剪：不论是直立型生长的木槿还是丛生的木槿，都非常容易发枝，要及时修剪掉过多的主枝和侧枝，木槿还不像其他灌木或乔木，主枝和侧枝比较明显，一般都是主枝少，侧枝繁多，木槿是主枝很多，侧枝更多，过多的主枝会导致养分分散，植株不聚拢，而是向外散开生长，影响美观，因此必须及时修剪掉周围的主枝和侧枝，一般修剪时间在秋末或春初进行，结合着扦插繁殖，细弱的侧枝随时可以修剪。

　　4. 繁殖：主要是扦插和播种，扦插更容易、更常见，剪取一段木质化的枝条，长度在二三十厘米左右就可以，插在培养介质中，一个月左右就能生根了，或是在母株根基部多埋些培养土，这样会新生出一些幼株，幼株长成后，大概需要2年左右时间，从母株旁边连根切掉幼株，就可以移栽变成新的植株了，后者这种方法扦插的新苗更容易成活。

　　除了扦插也可以用播种的方法，春播一个月左右发芽，但长成

呼吸养生

净化空气

家装宜选

监测环境

墙壁除味

庭院栽培

室内栽培

植株后要两年才能开花。但播种出来的植株抗性、生长力各方面都比扦插苗要好。

5. 病虫害：木槿常见的病虫害有煤烟病、褐斑病和蚜虫。

煤烟病和蚜虫一般是共同存在的，木槿被蚜虫侵害后，蚜虫的蜜露或排泄物会污染叶片，使叶片被黑色的病菌污染，解决方法要与治理蚜虫一并进行，可选一些家用环保型的杀虫剂，先灭杀蚜虫，然后用多菌灵溶液对植株进行喷洒。

褐斑病也是一种植株的细菌感染疾病，被褐斑病侵害后，叶背会生出暗褐色的绒状物，开始是小块状，严重时满布叶片，用50%甲基硫菌灵溶液喷洒。

Q： "朝开暮落花"是木槿吗？

A： 是的。木槿早晨开花，傍.晚花落，故别称叫"朝开暮落花"。

Q： 韩国为什么选木槿做国花？

A： 韩国的国花原来是李花。二战后，大韩民国认为木槿花期长，可象征昌盛繁荣的国运，于是将"无穷花"定为国花，并以白色的无穷花为主，因为它是公正、诚实、廉洁的象征。

蜀葵

别称：一丈红、戎葵、端午锦

原产地 原产地在我国的四川，现在全国各地均有种植，早在唐朝时，就发现蜀地有这种美丽的花，花型大，类似葵花，故称"蜀葵"。

外 貌 蜀葵外形与木芙蓉相似，下面将有章节讲述木芙蓉。蜀葵茎高2.5米左右，它的叶片大，边缘有不规则的锯齿，叶片正反两面都有绒毛，花单生于叶腋处，花冠大，花冠边缘处有不规则的齿裂，花色多，有紫红色、黄色、白色、粉红等。花期从5月到9月。

Tips: 唐诗中对蜀葵的记载

唐朝边塞诗人岑参有《戎葵花歌》："昨日一花开，今日一花开。今日花正好，昨日花已老。始知人老不如花，可惜落花君莫扫。人生不得长少年，莫惜床头沽酒钱。请君有钱向酒家，君不见，戎葵花。"戎葵即蜀葵。

○净化功能

蜀葵对硫化氢、氟化氢、二氧化硫有很好的抵抗能力，可净化空气、抗污染，是著名的环保植物之一。如果推选一种超级能抵抗污染的花卉，那非蜀葵莫属，因为它超级皮实，不择土壤贫瘠、不惧有毒气体污染，生性非常强健。

偶尔会看到这样一番景象，在一些化工厂的排污口处，黑灰色的臭水散发着难闻的异味，除了同样生性强健的小草外，几乎找不到任何野生花卉，只有蜀葵在不远处高耸地挺立着，花开得富丽堂皇。由此看来，蜀葵抵抗有毒气体的能力超级强。在化工厂附近、城市公路两侧及其他污染严重的区域可栽种蜀葵作为绿化植物。

○空间布置

　　蜀葵作为有效抵抗污染物质的植物，一般布置在庭院外围，如篱笆边、墙边，这样做起到的效果是将有害气体阻隔在外面，而不使庭院内的其他花卉受到危害。

　　蜀葵的茎高2~3米，不太适合进行室内装饰，宽敞的空地或公园、广场处，刚好适合栽培蜀葵，艳丽的花朵，长达三四个月的花期，单独栽培是良好的净化、装饰性花卉，围植在其他花卉外围，是良好的植物屏障。

科属
锦葵科蜀葵属

○栽培管理

1. **介质**：蜀葵不择土壤，不论酸性碱性土壤均可以正常生长，但疏松肥沃的土壤能让蜀葵长得更好更茁壮，可选菜园土、腐叶土、煤渣混合而成。

2. **浇水**：蜀葵喜湿，开花期要经常浇水，早晚各一次，必要时给植株喷雾，10月后，土微微湿润即可，花期过后，要剪掉地上茎，地下根可继续留在土壤中越冬，第二年春天会萌芽长出新的植株。冬季不需要浇水，3月份要浇2次大水，等植株萌芽后，要保持土壤湿润，这样植株才能健康生长。

○ 施肥

蜀葵耐贫瘠，施肥非常简单，开春时，可在植株周围挖坑埋一些基肥，可选动物粪肥或有机液肥。当植株叶腋处长出花芽时，可追施1次磷钾肥。整个花期不需要施肥，只要保证水分充足就可以了，花期后也不需要施肥。

蜀葵的南北别称

在南方，蜀葵开在梅语季节，一般是梅雨季节来临时，蜀葵花朵绽放，因此在南方别称为"梅雨葵"。在北方，蜀葵开放的季节正好赶上端午节前后，因此别称"端午锦"。

药用及食用价值

蜀葵的子、根、苗及花都有食用价值，子、根可入药，有清热解毒、利尿消水肿的功效；苗可以作为蔬菜食用，用水焯一下凉拌可食。花所含的色素可以给糕点或是饮食着色。

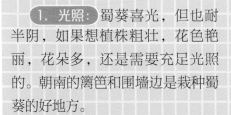

○日常养护

1. 光照：蜀葵喜光，但也耐半阴，如果想植株粗壮，花色艳丽，花朵多，还是需要充足光照的。朝南的篱笆和围墙边是栽种蜀葵的好地方。

2. 温度：最适合蜀葵生长的温度是15℃~30℃。

3. 修剪：蜀葵在整个生长期、开花期都可以不用修剪，花期后入冬前把地上部分的茎剪掉就可以了。

4. 繁殖：蜀葵的繁殖方法有播种、分株和扦插，因为蜀葵是一两年生草本植物，播种的方法更常见，一般春播当年5、6月份就可以开花，播种的植物不论抗性还是生长力都优于其他繁殖方式的植物。

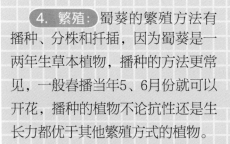

蜀葵的分株繁殖也很简单，花期结束后，把老株的地下根挖出来，分割出带须根的茎芽，移栽后浇透水，第二年春夏便可以开花。扦插是取老株根基部萌蘖的茎条作插穗，插入细沙中，发根后移栽便可成为新的植株。

5. 病虫害：一般一两年生的蜀葵很少受到病害侵袭，虫害有红蜘蛛和叶螨，发现虫害后，要及时用杀虫剂喷洒。多年生的老株蜀葵，容易感染蜀葵锈病，叶片枯黄，叶背有棕褐色的孢子堆，严重时植株死亡。从这个角度看，蜀葵需要孕育新植株来替代老株。

○养花Q&A

Q：蜀葵的花期可提前吗？

A：可以。蜀葵花大色艳，自古，皇宫或是富家都喜欢在住宅周围栽种蜀葵，以显示富丽堂皇之感。如果想让蜀葵在春节前后开花，给节日增添一些喜庆，那就需要改变播种时间，秋天播种，移至室内过冬，植株会慢慢生长，冬季、早春便可以观赏到蜀葵的花容月貌。如果室内盆栽种植，需要选大一些的花盆，并给蜀葵搭好立架，防止倒伏。

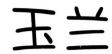

玉兰

别称：望春花、玉兰花、木兰、玉堂春

原产地 原产我国长江流域，现全国各地均有栽培。是我国著名的绿化花木，也是开花最早的花木之一。早春三月，玉兰会与连翘和迎春一起展露花苞，这三种芳香花卉是最早开花的植物，给三月增添许多春意。

外　貌 玉兰属于落叶大乔木，叶片倒卵形、互生，叶片背面被一层绒毛。一般先开花后长叶，花单瓣，花瓣大卵圆形，气味清香，是著名的芳香花木。

Tips: 玉兰的品种

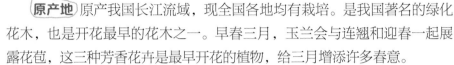

玉兰的品种很多，常栽培的有紫玉兰、荷花玉兰、黄玉兰、二乔玉兰等。颜色多为淡紫色、白色、黄色，绝大多数清香宜人。

○净化功能

玉兰对二氧化硫、氯气等有害气体具有超强抗性，还可以耐油烟，净化室内空气，开花时剪取几枝插到花瓶里，摆放在油烟重地——厨房。要知道，大多数花卉植物都怕油烟，所以厨房一般不能摆放植物，刚好玉兰有净化油烟的功效，能为厨房带来洁净的空气。

玉兰对汞蒸气还有一定的吸收能力，是非常好的抗污染树木。因此，现在玉兰多栽培在庭院、公园和道路两旁，为的就是减少大气中的污染气体，净化城市环境。

Tips: 吸收二氧化硫

据相关实验，1千克的玉兰干叶可吸收二氧化硫1.6克，由此可见，玉兰对二氧化硫的吸收能力是超强的。

科属
木兰科木兰属

○空间布置

　　玉兰花朵硕大，芬芳洁白，是著名的芳香植物，可栽种在庭院中或是院落墙外。玉兰原产我国，早在公元6世纪，我国佛寺中就开始培植玉兰。玉兰所在之处，常被寓意吉祥如意、富有和权势。古时，玉兰栽培在哪里，是有特别讲究的。如种植在纪念性的建筑物前面，就象征着品格的高尚和脱俗的理想；如果栽培在草地、草坪旁边，则寓意着青春活力、充满生命力；如果插到瓶中摆放在室内，则寓意着家庭和谐、充满幸福感。

○栽培管理

1. **介质**：疏松肥沃、排水好的土壤是玉兰最喜欢的，但在弱碱或是弱酸性土壤中，也可以生长，家庭栽培可用腐叶土、河沙、菜园土配成栽培土。

2. **浇水**：玉兰耐干旱，不喜湿，如果地处低洼地，不惧积水，很容易烂根而死。花期只要保持土壤微微湿润即可，微干也可，花期后减少浇水，入秋后可停止浇水，这样更利于室外越冬，早春可浇透水一次，再次浇水就等到孕蕾开花期了。

○施肥

玉兰并不需要过多肥料，但缺肥会使花朵不香，开花不大，所以生长期可施2次稀薄的有机肥，早春浇透水时，可伴随一次施肥，可用腐熟的动物粪肥或是饼肥，开花前施肥一次，可选用微量元素全面的有机液肥，花期中，可施一次磷钾肥，可延长花期并使得花大浓香。

解析"玉棠春富贵"

在我国的传统文化中，对宅院的绿化是有讲究的。配植植物时讲究"玉棠春富贵"，这是什么意思呢？

玉即玉兰，棠即海棠，春即迎春，富为牡丹，贵为桂花。也就是说，一般皇宫庭院或是大户富贵人家，在绿化时都会培植这几种花卉，能显示出富贵堂皇之感。

家庭自制肥料

家庭养花所用的肥料，既可以市面上买也可以自制。自制肥料其实很简单，我们最常用的方法是将各种废料制成液肥。方法如下：

选阔口的瓶子、罐子等，要有一定的容积。将生活中常见的厨余物品，如菜叶、动物内脏、果皮、鸡蛋壳、花生、豆渣、麻酱渣等放到里面，加一定量水，并喷一些除菌除虫药，然后将瓶口或罐口用保鲜膜封紧，放到阴凉处发酵，经过两三个月就可以使用了。但使用前要兑水稀释。

03 防灰尘

净化空气

家装首选

监测环境

地香除味

庭院栽培

室内栽培

○日常养护

1. 光照：玉兰喜光，也可耐半阴，但长期荫蔽会使植株长势减缓，花开不旺。

2. 温度：最适合玉兰的生长温度是15℃~25℃，但玉兰在冬季可耐极低温度，在零下二十度以上都可以安全越冬。

3. 修剪：对于细弱枝、徒长枝、病虫枝、开过花的枝条要剪除，但修剪要与抗菌工作一同进行，在修剪的伤口处最好涂抹一层抗菌剂，因为玉兰枝干的伤口愈合能力差，容易感染病菌，因此除却以上几种枝条最好不要经常性修剪。

4. 繁殖：播种、嫁接、压条、扦插等四种方法是玉兰可采用的繁殖方法，但最为常用的是嫁接

和压条两种。

5. 病虫害：玉兰的病害主要有炭疽病、黄化病等，都是危害叶片的，虫害主要有天牛、红蜘蛛、霜天蛾等，发现虫害要及时用药喷杀。其实玉兰是抗性比较强的树种，只要肥水管理得当，土壤不过于碱性，通风良好，一般植株不会发生病虫害。

Q：玉兰的香味是从哪里来的?

A：玉兰香气淡雅，是著名的芳香花卉，但你知道花卉的香味是从哪里来的吗?

在花朵的花瓣中有一种油细胞，它能分泌出带有香味的芳香油，当花朵开放时，芳香油会随着水分一起散发出来，这就是我们闻到的阵阵清香。每种花卉不同，芳香油不同，所以它们所散发出的香气也不一样。

花卉中除了带有芳香油的植物能散发香气，还有一种花卉，它们的细胞中含有一种叫做"糖苷"的物质，糖苷经过酵素分解后也会散发香味。

在芳香植物中，芳香油的作用很巨大，我们常用的护肤品，如精油、面霜、香水等，都是提炼的植物芳香油，再经过加工添加到护肤品中被我们所用。

海棠

別称：解语花、海棠花

吸附灰尘
净化空气
栽培方法
生长环境
培育除味
庭院栽培
室内栽培

原产地 海棠原产我国河北、山西、山东、辽宁、陕西等省，现全国各地均有栽培。海棠是我国传统名花之一，素有"国艳"之美誉，唯有海棠花解语，因此海棠又别称为解语花。

外　貌 海棠花因品种不同外形也有区别，但所有品种均是花色艳丽动人、极具观赏价值的。垂丝海棠花梗细长下垂，花蕾如胭脂点点，花型像小莲花。西府海棠花粉白色，是观赏花卉中的知名品种。贴梗海棠花梗很短，花朵紧紧贴在花枝上，故名贴梗海棠。海棠四品均为落叶灌木或小乔木，花后均结果，我们常吃的酸酸甜甜的海棠果即是。虽然海棠花的美艳颠倒众生，但没有香味，张爱玲笔下曾写过"三大恨事"，一恨鲥鱼多刺，二恨海棠无香，三恨红楼梦未完。

Tips: 海棠的品种

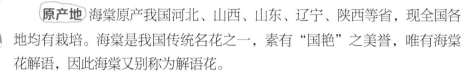

明代《群芳谱》记载的"海棠四品"即西府海棠、垂丝海棠、贴梗海棠、木瓜海棠。除此外，还有很多花型与海棠很像，却并非蔷薇科的植物，如秋海棠科秋海棠属的四季海棠、丽格海棠等，后面两种是室内观花类盆栽，而非"国艳"海棠花。

○净化功能

海棠对二氧化硫、氟化氢、硝酸雾等有明显的抗性，对二氧化硫还有突出的吸收能力。因此海棠常被作为城市的绿化树木布植在街道边或是公园绿地等处。如果家里装修不久，可以摆几盆盆栽的海棠，它能帮你有效吸收装修后残留的化学物质。

此外，海棠还可以吸附烟尘，把空气中的污浊清除掉，电脑等电磁辐射强烈的地方，可以剪取几枝海棠作为鲜切花，不仅吸附电磁辐射，还能美化居室。

○空间布置

海棠植株优美，种植在庭院向阳处或是与其他树木相互点缀。当然，海棠也可以盆栽摆放在门厅、窗边等处，但作为灌木或小乔木，地栽还是最好的培植方式，更利于植株生长。

○栽培管理

　1. **介质**：疏松，排水、透气性好的土壤，中性土壤最佳。

　2. **浇水**：海棠耐干旱，所有时期都不需要浇水过多，开春花芽萌发时浇一次透水，开花期间保持土壤微湿，坐果后要减少浇水，水大会引起落果，果实味道变淡。秋季叶子落光后，要慢慢减少浇水，直至断水。冬季不需要浇水。

○ 施肥

海棠对肥料的需求不多，肥大很可能造成植株徒长，花不艳丽。开春花芽萌发前施一次稀薄有机肥。入冬前施一次全效肥，补充花果期消耗的养分。如果是多年的老树，冬末春初需要增施一次底肥，以腐熟的动物干粪肥为主，施肥的同时结合浇开春的透水。

卧室首选的净化花卉

卧室是睡眠场所，很多香味浓郁的花都不宜放到卧室，但海棠即可有效净化空气，又无异香，是最适合卧室摆放的花卉，可选取含苞待放的枝条剪下，插到花瓶中，可开放几天，又可吸收有害气体，又不会因浓郁的香气而影响睡眠。

古时富贵的象征

在《诗经》中，用海棠来形容诸侯大夫家中女孩子的雍容高雅之态。后来人们便把海棠看作富贵之花，亭中栽培海棠是家庭地位的代表。也有一些大户人家，家中有小女孩，会在院中栽种几棵海棠树，寓意着这个孩子长大后高雅美丽、大富大贵。

○日常养护

1. 光照： 喜光照，缺光会导致植株长势不佳。

2. 温度： 5℃~30℃之间是海棠最适宜生长的温度，它也耐低温，冬季-15℃仍能室外越冬。

3. 修剪： 对海棠的修剪一般在早春萌芽前进行，将细弱枝、徒长枝剪掉，这样可减少养分消耗。

4. 繁殖： 嫁接、压条、扦插、分株、播种等，一般春初用扦插、分株、压条法繁殖，秋季可进行嫁接。春季可以播种繁殖，播种前要进行低温催芽。

5. 病虫害： 主要病害有腐烂病、赤星病；虫害有金龟子、卷叶虫、蚜虫、红蜘蛛等。发生病害主要与过于干旱、枝条间通风透气差有关系。一旦发生病虫害，要及时用药控制。

Q：四季海棠、丽格海棠、秋海棠都是海棠吗？

A：它们虽叫海棠，却不是蔷薇科的木本植物，而是秋海棠科的草本植物，我们这里所说的净化空气的是木本的海棠，木本海棠可开花结果，果实可食用。而草本的海棠只做室内观花植物用，因为它们花型与海棠花相像，所以用海棠命名。

Q：秋海棠也有别称是"断肠花"或"相思草"，由何而来？

A：据传，古时有夫妇两人，他们靠种花、卖花为生，男子名贵棠，女子人唤贵棠娘子，女子除了帮丈夫种花，还剪得一手好的花样，还能帮别人制作绢花、干花等，虽然夫妇两人很努力，但日子却一直清贫。某日，贵棠听说把绢花贩卖到海外很赚钱，就叫娘子做一批绢花，自己带到海外去卖，贵棠娘子虽不忍心离别，但为了家计，只得与丈夫离别。

贵棠带着妻子做的绢花乘船去了海外，结果一去就全无音讯，菊花盛开时分别，山茶开时还未归，就这样，贵棠娘子倚着北窗苦等丈夫归来，一年又一年，她洒落泪水的地方长出一株植物来，叶色翠绿，秋天开花，人们说这植物是贵棠娘子哭出来的，因秋天开花所以叫秋海棠，因植物背后有一段凄凉的爱情故事，所以别称断肠花或相思草。

Q：秋海棠有净化作用吗？

A：秋海棠是秋海棠科秋海棠属的植物，与我们所说的木本海棠花不是同一类植物，但秋海棠也具有净化作用。它可以清除空气中的氟化氢等有害物质，对氮氧化合物很敏感，当空气中的氮氧化合物超标，秋海棠的叶片首先发出指示，叶片会布满斑点甚至慢慢枯萎。

秋海棠是小型观花植物，可盆栽摆放在室内，家里若是刚刚装修过，可选种几盆秋海棠来监测环境。

木芙蓉

原产地 木芙蓉原产于我国，主要分布在西南地区，江苏、浙江栽培较多，现在全国各地均有培育。

Tips: 木芙蓉的常见品种

红芙蓉、重瓣红芙蓉、白芙蓉、重瓣白芙蓉、黄芙蓉、鸳鸯芙蓉、七星芙蓉、醉芙蓉。

外 貌 属落叶灌木或小乔木，植株高1米左右，丛生，叶片宽大的卵圆形，边缘有5~7裂，先端尖，叶片上被细毛。花单生于枝端或生于叶腋间，有5厘米左右的花梗，花萼钟形，花有单瓣和复瓣之分，花色主要有白色、粉色、黄色等。

Tips: 花色的变化

木芙蓉的花色会随着早中晚时间不同而发生变化，早晨粉白色、中午浅红色、晚上转成深红色，一日三次变化，故名三变花。这看起来很神秘，其实是由于植物体内的色素随着温度、酸碱度的变化而产生的颜色变化。

○净化功能

木芙蓉有很强大的净化功能，能抵抗二氧化硫、氯气、氯化氢等污染气体。木芙蓉与木槿外形类似，并属于同一科属，而且他们起到的净化作用也非常类似，对于氯化物有很好的抗性和净化作用，庭院中可搭配培植木槿与木芙蓉。

○空间布置

木芙蓉适应性极强，可栽种于庭院中，花开时如朝霞散绮，别有情致。既可以吸收庭院附近的氯化物，还可以完美地装饰庭院环境。古时有文记载，种木芙蓉有三利，其中一利便是庭院中种植，为时令之名花，怡情悦目。

科属
锦葵科木槿属

○栽培管理

1. **介质**：木芙蓉喜欢疏松、肥沃的沙质土壤，但在贫瘠土壤中一样可以生长。

2. **浇水**：生长期要保持土壤湿润，到了夏季，如果天热干燥，就要早晚都浇水，花期过后慢慢断水，开春萌芽前浇一次透水，木芙蓉对水分的需求并不严苛，多点少点都可以健康生长。

○ 施肥

　　木芙蓉对肥料的需求不多，早春伴随浇水堆一次基肥。生长期每隔半月施一次稀薄磷肥，磷肥可促使花大色艳。

清热解毒良药

　　木芙蓉除了净化作用超群，还是清热解毒的良药。《本草纲目》上记载说："木芙蓉花并叶，气平而不寒不热，味微辛而性滑涎黏，其治痈肿之功，殊有神效。""清肺凉血、散血解毒，治一切大小痈疽肿毒恶疮，消肿排脓止痛。"由此看来，木芙蓉的花叶是清热解毒的良药。

　　有人食用木芙蓉花朵，但据传食用不当会致中毒，因此，最正确的使用方法是将木芙蓉花、叶晒干、磨粉，用芝麻油拌匀外敷或涂抹伤口，如果被蚊虫叮咬，或是烧伤烫伤，可涂抹此方起到清热解毒之功效。

富贵吉祥的象征

　　木芙蓉花姿优美，古时为富贵吉祥的象征，这从古代刺绣就能看出来：将木芙蓉与牡丹放在一起，寓意"荣华富贵"；将木芙蓉与桂花组合到一起，寓意"夫贵妻荣"；将红色的木芙蓉配文竹，寓意"大吉大利"。在古时，如果亲人朋友新婚，将木芙蓉的绣品赠予做礼物，是非常珍贵的。

○日常养护

1. 光照：喜光照充足的环境，偶尔半阴也可以生长开花。

2. 温度：木芙蓉的适宜生长温度为18℃~30℃，不耐寒，室外越冬时，低于-10℃要做一些防护保温措施。

3. 修剪：木芙蓉生长期一般不需要修剪，开花期过后，整丛剪掉，留下地下根第二年春季仍能萌发生长。

4. 繁殖：扦插、分株、播种是木芙蓉常用的繁殖方法，扦插为主，春季萌发生长后，剪下粗壮的枝条，约20厘米长，插在沙土中，一个月左右生根。

分株一般在早春萌发前进行，将地下根挖出，分出一部分根单栽，一般当年分株种下，当年就能开花。

播种一般在春季进行，翌年才能开花。

5. 病虫害：常发的病虫害有蚜虫、红蜘蛛、盾蚧等，发生虫害时要及时用药喷杀。

Q：芙蓉花可以染色吗？

A：白居易的《长恨歌》有"云鬓花颜金步摇，芙蓉帐暖度春宵"，芙蓉帐即是用芙蓉花汁液染色而成的纱帐，玫瑰红色，古时富家新婚时新房床榻边常用的。

Q：有没有与木芙蓉有关的城市称号？

A：成都别称"蓉城"，主因就是木芙蓉在成都极负盛名；湖南也有"芙蓉国"的美称，木芙蓉在那里也广泛培植。

吸附灰尘

净化空气

家装宜选

监测环境

增香除味

庭院栽培

室内栽培

鸡冠花

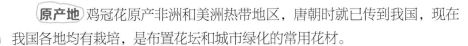

别称：鸡头、老来红、芦花鸡冠、红鸡冠

原产地 鸡冠花原产非洲和美洲热带地区，唐朝时就已传到我国，现在我国各地均有栽培，是布置花坛和城市绿化的常用花材。

外　貌 鸡冠花全株高60~90厘米，茎直立、粗壮，叶片呈长椭圆形，对生，叶片基部有短叶柄，穗状花絮生长茎顶端或分枝的末端，扁平而肥厚，呈鸡冠状，有皱褶，花有紫红色、黄色等。

Tips: 别称"不凋花"

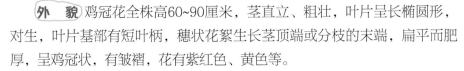

　　在欧美地区，人们将鸡冠花也叫做"不凋花"，有"天国花园里的宝石"之称，用于葬礼上，寓意永生。

○净化功能

　　鸡冠花对氟化氢、二氧化硫、氯气有一定的抵抗性，而且对放射性铀元素有极好的吸收作用，放射性铀元素即使非常低，对人体的危害都是巨大的，它可能会诱发各种癌症，还会导致基因突变，如果随着食物或饮品进入人体，危害会成倍增长。都有哪些人会有放射性铀元素危害呢，长期使用金刚钻钻探的工人，他们在工作时必须穿好防护服，戴好口罩和手套，绝不要让皮肤与铀元素接触到，否则危害是巨大且终身的。

　　在一些核电站分布密集的地区，都会有放射性铀，因此在厂矿附近可以栽种一些净化植物，如鸡冠花。一般情况下，我们生活的城市中很少会出现放射性铀，所以不必担心。

○空间布置

　　鸡冠花花序大、色彩艳丽，围植在庭院花坛边，或是用木盆、藤艺花盆栽培，放在厅堂入口处，都会显得吉祥喜庆。

　　鸡冠花还常被用于装饰花坛，成片栽培或是与其他植物点缀栽培，会有火红花海的感觉，尤其适合国庆、新春这样的节日。

吸附灰尘

净化空气

家装宜选

盆栽玩赏

提香除味

庭院栽培

室内栽培

○栽培管理

1. **介质**：鸡冠花喜欢疏松、肥沃的土壤，不耐贫瘠，生长期要保证养分供给才能花大、花色艳丽。可以选腐叶土、菜园土、沙土混合配制当做培养土。

2. **浇水**：鸡冠花不喜欢水多，任何时期都要少浇水，保持土壤偏干，能保证花色艳丽，还能保证种子饱满圆实。

○ 施肥

　　幼苗定植扶盆后开始施肥，每半月施一次稀薄腐熟液肥，整个花期可追施1~2次磷钾肥，保证开花鲜艳，花期长。

鸡冠花——"生命能源物质"

　　研究发现，鸡冠花的花序含有人体所需的21种氨基酸以及12种微量元素、50种以上的天然酶和辅酶，故此有"生命能源物质"的美称。用鸡冠花做美食，听着就很有食欲，如红油鸡冠花、鸡冠花蒸肉、鸡冠花豆糕等，菜品外观鲜美，口感独特，据说是花食中不可多得的美味。

播种方法提示

　　播种前，先把种子浸泡一天，这样能提高发芽率，也会缩短出苗时间。从播种到出苗一般需要10天左右时间，一个月后可以定植上盆。

○日常养护

1. **光照：** 喜欢充足的光照，不耐阴，阴天会导致植株徒长、茎细长，花序小。

2. **温度：** 适宜生长温度为18℃~28℃，不耐寒，一年生的植物，第二年要重新播种繁殖，不存在越冬问题。

3. **修剪：** 如果长势良好，一般不需要修剪，定植后摘心一次，促进植株分枝。

4. **繁殖：** 鸡冠花是一年生草本植物，开花后植株枯死，第二年开春重新播种，播种后当年即可开花。

5. **病虫害：** 鸡冠花的病虫害

主要有褐斑病、轮纹病、疫病，蚜虫和红蜘蛛。多数病害都是由通风不畅、水大、排水不好导致的，病害发生的同时也会伴随着虫害，病害一般百菌清、多菌灵等都可以解决，虫害严重时就需要喷洒杀虫剂了。

Q：鸡冠花如何产生种子？

A：鸡冠花雌雄蕊俱全，每一朵小花都可以授粉结果，因此鸡冠花的种子特别多，到了秋末，鸡冠花种子开始成熟了，稍微一碰触花被，就会蹦出很多细小的种子，因此在庭院栽培时，根本不需要收集种子，因为在前一年开花的地方，春天时还会长出很多幼苗。

Q：鸡冠花有何典故吗？

A：明代解缙是个大才子，一次皇上想试试他的文采，便要求他用鸡冠花作诗一首，解缙一听这个简单，开口便来："鸡冠本是胭脂染"，刚出第一句，皇上从衣襟中拿出一朵白色的鸡冠花，说："这是白的。"这哪里难得住解缙，他灵机一动，变换思路吟道："今日如何浅淡妆？只为五更贪报晓，至今戴却满头霜。"皇上一听非常佩服解缙的才学，也更为器重他了。由此可见，早在明代，鸡冠花就小有名气了，连皇宫别院中都有广泛栽培。

Q：鸡冠花可以做鲜切花吗？

A：鸡冠花可以做鲜切花，单独插在花瓶中，或是与其他鲜花花材混插，能保持鲜艳10天左右，其实很多室外培植的花卉，都是可以做鲜切花的，插入瓶中，每天换水，花枝可开放十天半月。还有个小窍门，如果想要鲜切花的花朵保鲜更长时间，可在瓶水中放一片维生素C。

Part 3

室内栽培

点亮生活好心情

菊花

别称：秋菊、寿客、金英

原产地 我国早在2500年前就有栽培菊花的记录，后来从我国传至韩国和日本，18世纪前后，逐渐传入欧美各国，因此我国是菊花的原产地。

Tips: 关于菊花的最早记载

"季秋之月，鞠有黄华"，这是关于菊花的最早记载，来源于《礼记·月令》，如果说比较有名的那应该是屈原《楚辞·离骚》中的"朝饮木兰之坠露兮，夕餐秋菊之落英"。晋代陶渊明也曾写过"采菊东篱下，悠然见南山"的佳句。

菊花在我国有很长时间的培植历史，直到现在，每到秋季，全国各地均有大小不等的赏菊大会，可见菊花是大众非常喜欢的花卉。

外　貌 菊花茎直立，接近土壤的茎干会木质化，叶片卵圆形，叶缘有锯齿或缺刻，花朵顶生或腋生，花瓣一般都比较长，长舌状，还有细长针状，花色很多，红色、黄色、粉色、紫色、白色、绿色、复色等，有单瓣和复瓣之分，不论单瓣复瓣，菊花的花姿都属清丽高雅的。

Tips: 菊花中的十大"名品"

绿牡丹、墨菊、帅旗、绿云、红衣绿裳、十丈垂帘、西湖柳月、凤凰振羽、黄石公、玉壶春，以上十种是菊花的十大名品。

制作菊花枕

菊花除了观赏外，最为人知的用途大概就是食用，泡水当茶饮，还可以煮粥，菊花平肝明目，用眼过度的人可常饮菊花茶。

将各种香草或是药材装入枕头以起到健康疗效并非新鲜事，如果你听过枕头装入薰衣草、决明子、茶叶等，那现在您可以试试装菊花，干燥后的菊花与荞麦皮各一半装入枕芯，清肝明目的菊花就可以发挥功效了，头晕、头痛、耳鸣、目眩，都会有好转，如果经常黑眼圈、眼睛肿痛，更推荐你试试。

这里还有个小妙招，把干菊花装到纱布包里，浸水泡湿，放在冰箱内冷藏，如果经常眼部水肿，可以用纱布包敷眼睛，去除水肿很快。

○净化功能

菊花可以吸收二氧化碳，释放氧气，当然这一点对于所有植物来说，都相当厉害。菊花对一些有害物质还有抵抗能力，如二氧化硫、氯化氢、氟化氢等。菊花的厉害之处还不在于此，如果家里刚刚整装一新，尤其是更换了全套家电，置办了不少居家用品，尤以塑料制品为主，那买几盆菊花摆放，它能抵御并吸收家电和塑料制品散发的乙烯、汞、铅等有害物质，这一点是很多其他植物做不到的。

现代家居用品中，塑料制品非常多，大到椅子、收纳箱，小到保鲜盒、调料盒，很多都是塑料的，虽说对塑料制品的要求与检验越来越严格了，但仍然避免不了塑料制品中有害物质的释放。

为了避免塑料中有害物质对人体的危害，一是要尽量选购质量合格的产品，二是入口的食物尽量不要用塑料制品盛放，三是塑料制品要远离热源，燃烧起来会产生甲苯、氟化氢等有害物质，最后，也是与植物相关的一点，选放适合的植物，既能美化居室环境，还可以净化空气。

科属
菊科菊属

○空间布置

　　菊花可以室外地栽，但其株高多数在50厘米左右，因此现在多作为室内盆栽来装饰居室。入秋买几盆菊花摆在客厅的茶几或是门厅入口处，可彰显居室主人的高雅清丽品位。菊花和中式风格的家居更为搭调，能很好衬托出居室的古香古色与高雅脱俗。

消除灰尘

净化空气

家装首选

监测环境

增香除味

庭院栽培

室内栽培

○栽培管理

1. **介质**：菊花其实对土壤要求并不十分严格，富含腐殖质、排水好，只要符合这两点就能作为菊花的栽培介质。腐叶土、河沙、适量底肥（骨粉或干麻渣均可）混合配制。

2. **浇水**：给菊花浇水比较有讲究，春季萌发出小苗后，每周浇水1~2次就可以。夏季植株长高，随着温度升高、天气干燥，要多浇水，每天浇水一次或每天早晚各浇水一次，若遇到阴雨天，要减少浇水。入秋前，要适当控制浇水，使得植株茎干粗壮，开花前至整个花期，都要充分浇水，干旱会导致花朵开得不好，且易滋生虫害。入冬停止生长，浇水参照春季浇水。菊花是多年生草本植物，如果露地栽培，冬季可以室外越冬。

○ 施肥

　　春季定植前要施足底肥，整个生长期可每隔半月施一次稀薄的腐熟液肥，入秋孕蕾时可施一两次稍微浓一些的肥水，如果想花开艳丽或花期长可在开花前施一次0.1%的磷酸二氢钾溶液。冬季停止施肥。

繁殖成功的基本要素

　　所有植物在进行繁殖时，若想成功都有几个最基本的要素，如光照、水分、种子、介质等，如果是种子，要保证种子健康饱满，若是插穗要保证健康强壮，最重要一点就是土壤无菌。

○日常养护

1. 光照：喜欢散射光，不喜欢阳光直射，夏天要遮阴。

2. 温度：最适宜的生长温度在20℃~25℃之间。越冬温度不低于0℃便不会发生冻害。

3. 修剪：菊花幼株生长到10厘米时，要进行第一次摘心，每隔一段时间要摘心一次，为的是使植株不向高处徒长，让植株看起来丰满且矮壮化，还能使花蕾增多，在生长期间，如果发现有细弱枝，或某些枝杈影响美观，都可以酌情修剪。秋末开花后，要把土上所有干枯的茎干枝叶都剪掉。

4. 繁殖：菊花多用的繁殖方法是扦插和分株，像所有宿根植物一样，菊花分株要等到花期过后，上盆之前进行，将地下根挖出分成几份，分别植栽到花盆中，如果想让宿根尽快发芽生根，可在盆面覆盖一层塑料膜。

扦插的方法也比较常用，一种是芽插，即在茎干底部截取滋生出的嫩芽扦插，还有一种是枝杈，在5月份植株长成时，截取10厘米左右嫩枝，插到沙床中，等其生根变成为新的植株。

5. 病虫害：菊花比较容易染上病虫害，病害有白粉病、叶斑病、锈病等，虫害有蚜虫、红蜘蛛、粉虱、螟虫等。病害发生的原因主要跟肥水管理不当、空气湿度大、空气不流通等有关，因此要想预防菊花的病虫害，首先保证通风良好，其次生长期间少施氮肥，适量增加磷钾肥，避免空气湿度过高，不要浇水过多。病害发生后往往会紧随着发生虫害，因此有效防治病害非常必要，家庭可用多菌灵、百菌清稀释液喷洒病株，虫害可选绿色环保的杀虫剂进行喷杀。

吸附灰尘

净化空气

焕发生机

点缀环境

提香除味

庭院栽培

室内栽培

Q：菊花茶中，白菊和黄菊的区别在哪？

A：在售卖的菊花茶中，有白菊和黄菊，虽说同为菊花，但功效方面还是有稍许差别的，黄菊味道较苦涩，清热去火的功效强；白菊的口感较为平和，主要功效在于清肝明目，与眼睛相关的如眼涩、眼睛疲劳、视力模糊、头晕目眩等可以饮用白菊，但白菊也有清热去火的效果，不可以与黄菊一起引用。

Q：菊花为什么能在初冬开花？

A：菊花体内含有糖分，糖分含量越高，越不容易结冰，所以在初冬寒冷的季节，菊花仍能开花。在用菊花泡水饮时能品尝到淡淡的清甜味道，与菊花自身含糖有密切关系。

Q：有很多名字后缀是菊的花卉与菊花有关系吗？

A：除了菊花，常见的花卉里还有很多名字后缀带菊的，如美兰菊、金盏菊、天人菊、荷兰菊、雏菊、金鸡菊等，它们不仅从外形上看类似菊花，而且它们都是菊科的植物，因此与菊花关系很密切，菊科植物中，很多具有净化空气的作用，而且颜色靓丽，是城市绿化的良好花材。

吸附灰尘
净化空气
资养宜选
监测环境
排香祛味
庭院栽培
室内栽培

仙人掌

别称：仙人扇、霸王树

(原产地) 仙人掌属于多浆多肉植物，它拥有强大的储水系统，在雨季喝饱水，以备干旱少雨的季节能靠自身储备的水分存活，根据这些特点，有雨季，并有很长时间的高热、干旱季节，不难想到仙人掌的原产地应该在非洲、美洲等干旱少雨的沙漠地区。现在全世界很多国家均有栽培。

Tips: 墨西哥国花

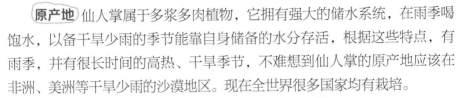

仙人掌是墨西哥的国花，墨西哥人对仙人掌的热爱就像我们喜欢梅兰竹菊一样，仙人掌在墨西哥不仅是栽培的绿化植物，已经丰富到生活的方方面面，如吃仙人掌、喝仙人掌饮料、用仙人掌入药等，他们的庭院步道种满了仙人掌，从净化角度讲，墨西哥城应该是绿色氧吧。

(外　貌) 茎扁平卵圆形，上布满细毛及针刺，有些针刺软，有些品种针刺极硬，茎肉质多汁，花大，生于刺丛中，花型像喇叭，颜色因品种不同而有区分。我们这里所说的可以净化空气的，其实包括仙人掌、仙人球、仙人鞭等。

○净化功能

大多数植物都是白天进行光合作用，释放氧气吸收二氧化碳，但仙人掌类植物却是晚上释放氧气，如果与其他植物混栽，可以一整天让居室都处于氧气充足的状态，不管室外空气如何，室内华丽转身成"氧吧"。

仙人掌植物还能将甲醛、二氧化碳、过氮氧化物及电磁辐射吸收掉，现代居室家用电器都比较多，摆放几盆仙人掌能稀释掉一部分电磁辐射，尤其是厨房，小家电很多油烟又盛，一般植物都受不了厨房的空气，唯独仙人掌类植物，又不拘环境的恶劣，又能有效改善恶劣环境，唯一需要注意的是，仙人掌上的狂刺比较可怕，在厨房忙碌工作时千万不要被刺到。

仙人掌植物还有一个厉害之处便是吸附灰尘，在冬春季空气干燥、浮尘较多时，仙人掌能吸附灰尘，让室内空气更洁净。

科属
仙人掌科仙人掌属

○空间布置

　　窗台、书桌、玄关高柜顶部都可以摆放仙人掌，但要注意的是，散射光下仙人掌生长最好，光照过强或光线过暗都对仙人掌生长不利。

　　仙人掌多刺，若家中有幼儿，要注意放置到高处，避免让幼儿碰触到。

○栽培管理

1. **介质**：疏松、排水好很重要，可以用腐叶土、粗沙、草木灰加少量底肥混合，如果春季上盆时底肥充足，可半年都不必再施肥。

2. **浇水**：仙人掌属多浆植物，不需要多浇水，尤其是入夏后，多浇水非常容易烂根，给仙人掌类植物浇水，要本着春秋适量多浇，夏冬少浇水，如果夏季连绵阴雨，更要适时断水。浇水的时段，冬季可在上午，春、秋、夏最好在选在早晚，浇水时不要浇到植株茎面上。

吸附灰尘

净化空气

家装首选

降噪环境

培育绿苗

庭院栽培

室内栽培

◎ 施肥

春季翻盆时要施一些盆底肥，可选肥效缓和的骨粉或是腐熟鸡粪肥，仙人掌对肥料的需求不多，如果底肥充足可不必再过多施肥，只等入夏前再施一些缓释肥即可。

截面消毒是扦插成功的基本要素

仙人掌的肉质茎如果不进行消毒，直接扦插很容易腐烂而导致扦插失败，剪下肉质茎后，先放在阴凉处风干一天，然后在创口上涂抹一些草木灰，若没有可将增效联磺片研磨成粉末，涂抹在创口，一样具有杀菌消毒的作用。

强大的解毒功效

仙人掌或是仙人球的茎肉有解毒功效，将外皮剥去，将肉捣烂敷于蚊虫叮咬处、疮毒处可缓解痒痛和肿痛症状。还有人做过如此尝试，如果家中有小动物误食毒药，分量不多的话，可赶紧用捣碎的仙人掌灌服，有解救过来的案例。

1. 光照：仙人掌类喜欢阳光，光照不足会引起植株徒长，还会诱发一些其他病害。除了夏季适当遮阴外，其他三个季节都需要放到光照充足处。

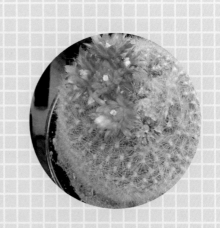

2. 温度：仙人掌耐高温，忌低温。25℃~35℃是仙人掌的生长适温，冬季不可以低于5℃，否则易冻伤。

3. 修剪：基本不需要修剪，如果烂根了尽快把根修掉还可以救活。

4. 繁殖：仙人掌类植物多用分株或扦插繁殖法，分株即把茎基部的幼小植株与母株分离，分栽到其他盆中。扦插即剪下10厘米左右肉质茎，稍微晾干后，插入沙土中。

5. 病虫害：仙人掌类很少发生病虫害，一般病害会伴生虫害，空气流通差、水大时会发生黑腐病、煤烟病，若长久不治会伴生蚜虫、粉虱等。一旦发生病害要尽快治疗，喷洒多菌灵或是百菌清，并移到通风阴凉处，减少浇水或断水，若伴生虫害，则要尽快喷洒杀虫剂。

○养花Q&A

Q：仙人掌的花语？

A：仙人掌的花语是坚强。如果有朋友受挫，可以赠予一盆仙人掌给他，鼓励他坚强起来。

据说在造物主刚刚创造仙人掌时，它并没有那层坚硬的外壳和可怕的针刺，所以它经常受到伤害，流出如泪水般晶莹的汁液，后来造物主同情它，就给仙人掌加上了一层坚硬的外壳，外壳上布满了密集的针刺，人们一旦靠近就会被仙人掌的针刺给刺伤。因此对仙人掌的抱怨越来越多，某日一位战士想缓解人们的抱怨，于是一刀砍向仙人掌，结果鲜嫩的汁液留下来，人们才发现仙人掌的内心是如此脆弱和不堪一击，它只是在装坚强。后来就把坚强作为了仙人掌的花语，如果想鼓励身边亲人朋友振作、坚强起来可以赠送他仙人掌。

Q：世界上最高的仙人掌有多高呢？

A：在墨西哥的下加利福尼亚，有一株高17.69米的仙人掌，是目前世界上最高的仙人掌，重达10吨，据说经过测算，想把它运走，必须要砍成一段段，用两辆大卡车才能拖走。

大花蕙兰

吸附灰尘
净化空气
家装宜选
怕列环境
摆香除味
庭院种植
室内栽培

别称：蝉兰、西姆比兰、虎头兰

原产地 大花蕙兰原产地是我国西南部地区，印度、缅甸、泰国、越南等地。现在市面上见到的多是杂交品种。

Tips: 杂交品种——大花蕙兰

大花蕙兰是世界著名的"兰花新星"，它是由我国的独占春做母本，碧玉兰做父本杂交而成的。

外貌 大花蕙兰茎挺立，剑叶从基部长起，每个花梗上着花数十朵，花瓣厚实，花色繁多，花期长，是近些年来非常流行的室内盆栽植物。

Tips: 大花蕙兰的常见品种

大花蕙兰花色丰富，品种繁多，但凡对花卉稍微多一些了解的人都知道，其实每种花都有各自的名字，虽然都是大花蕙兰，但它们各自的名字却美得很。

红色系：福神、红霞、酒红、新世纪

黄色系：明月、龙袍、黄金岁月

粉色系：梦幻、贵妃、修女

绿色系：翡翠、幻影、玉禅、碧玉

白色系：黎明、冰川

橙色系：梦境、百万吻、釉彩

○净化功能

大花蕙兰可吸收空气中的一氧化碳，起到给居室净化增氧的效果。如果家中刚装修过房子，甲醛等有害气体可能会超标，可以摆放几盆大花蕙兰，既能给居室增添雍容华贵的气质，还可以消除一定量的甲醛气体。大花蕙兰的花期正好在春节前后，优雅的花姿和艳丽的花色刚好能衬托出节日的喜庆氛围，不论是自家居室摆放净化空气，还是送给乔迁新居的朋友，都特别合适。

科属
兰科兰属

○空间布置

大花蕙兰是近些年来热销的年宵花卉，将其摆放在玄关，可提升居室幽雅、欢快的气氛。大花蕙兰可搭配任何风格的居室，摆放在中式风格的居室中，可显现出大花蕙兰清幽、古色古香的气韵；摆放在简约风格的居室中，则能很好地衬托出居室的大气淡雅；摆放在华丽的美式风格居室中，则能凸显出大花蕙兰的雍容富贵之气。

大花蕙兰的植株有大中小之分，一般居室，面积不太大的，选择中小株型便可以了，可以摆放在茶几、电视柜边、窗台、书桌等处。

吸新灰尘
净化空气
软装首选
临测环境
增香除味
庭院栽培
室内栽培

○栽培管理

1. **介质**：兰花都有专用的栽培土，种大花蕙兰可以用苔藓、蕨根、树皮块、木炭等混合。

2. **浇水**：大花蕙兰喜欢潮湿的环境，盆土保持微微干燥，夏天闷热时早晚各浇水一次，湿度不够时还要向叶片喷水。足够的湿度是植株健康生长和顺利开花的根本条件，但湿度与浇水次数和浇水量不同，湿度是植株周围环境中水分的多少，而不是盆中含水量的多少。湿度不够可开加湿器，或是盆栽旁边搭一条湿毛巾。

○ 施肥

大花蕙兰喜肥，每年都要在换盆时施足盆底肥，植株在生长新芽时要保证每周都施一次稀薄腐熟的饼肥水，花芽分化期，每月用磷酸二氢钾1000倍液喷洒植株，可使植株粗壮，花朵艳丽。

现在市面上还有兰花专用的缓释肥，这种肥料绿色环保，施用起来很方便，肥效长达半年左右，而且肥力释放比较均匀，不必担心肥力过强烧坏根部等问题。

○日常养护

1. 光照： 喜欢散射光，冬季放在室内南阳台保证光照充足，夏季要适当遮阴。

2. 温度： 10℃~25℃是大花蕙兰生长的最佳温度，冬季低于0℃可能会发生冻伤，夏季超过35℃，植株会慢慢停止生长。

3. 修剪： 花期过后，将病叶、弱叶、枯叶修剪掉。

4. 繁殖： 常用分株的方法，分株要等植株开花后进行，将尚未长成的新芽切下，放到阴凉处风干1天左右移栽上盆，即可长成新的植株。

5. 病虫害： 病害主要是黑斑病，可用百菌清溶液喷洒植株，半月一次，直至病害结束。虫害主要是叶螨等害虫，百菌清或是甲基托布津也可以灭虫害。

○养花Q&A

Q：大花蕙兰的光照管理？

A：多数兰科植物都不耐强光，散射光或是半阴条件最好，唯独大花蕙兰除外。它喜欢光照充足一些的环境，除了夏季遮阴外，秋冬季节都要保证充足光照，这样才可以保证茎、叶健康生长、花芽顺利萌发、开花大而鲜艳。总之，不同时期适当的光照对大花蕙兰的生长开花影响很大。

吸附灰尘
净化空气
家装首选
监测改摄
消毒除味
庭院栽培
室内栽培

芦荟

原产地 芦荟原产于非洲，地中海地区。

外　貌 芦荟叶片厚实，从茎基部抽出，呈莲座状簇生，有的叶片边缘有尖齿，有的则没有，叶片上的花纹因品种不同而有所差异。

Tips: 芦荟的健康功效

芦荟除了有强大的净化功效，健康功效也是蛮强大的。如果被蚊虫叮咬了，或是皮肤上长湿疹等，可割取一小块芦荟，去掉外皮，洗净后捣碎敷在患处，可缓解痒痛感。当然，市面上还有售卖芦荟的干粉、芦荟茶、芦荟饮料等，很多餐馆还将芦荟作为凉拌菜供客人食用，但家养芦荟要慎食。

如果家里有中国芦荟、木立芦荟、翠叶芦荟等品种，外用比较方便安全。取芦荟叶片一截，将其汁液涂抹在手臂内侧或大腿内侧，几个小时候若没有特别反应，即可以放心使用。

○净化功能

芦荟对甲醛的吸收能力超强，如果空气中的甲醛浓度超标，芦荟叶片上会出现褐色斑点，以起到警示作用。芦荟还可以净化二氧化碳、二氧化硫和一氧化碳等有毒气体，因此被称为"空气污染报警器"。

有实验显示，在接受4小时照明条件下，一盆中型芦荟可以消除一立方米空气中90%的甲醛，装修后，可测算一下空间面积，然后摆放相应盆数的芦荟，以起到净化有害气体的作用。

芦荟还可以吸附环境中的灰尘，而且还可以起到杀菌的作用，而且芦荟不拘光照条件如何，可以摆放在湿度大、病毒细菌易于滋生的卫生间等处。

科属
百合科芦荟属

○空间布置

　　北方可以放在南阳台或是客厅茶几、电视柜边等位置，由于其特殊的净化作用，还可以摆放在卫生间、厨房灯细菌、油烟重地。

　　在南方很多地区，芦荟是可以露培的，栽种在庭院里，可以起到净化室外空气的作用。

吸附灰尘

净化空气

家装宜选

监测环境

增香除味

庭院栽培

室内栽培

○ 施肥

　　芦荟生长比较缓慢，因此对肥料的需求不多，每年春季翻盆时，施足底肥可不用再施肥。如果想让植株长势快些，可在春秋季各施一次稀薄腐熟的饼肥水。

○栽培管理

1. **介质**：芦荟要用疏松透水好的土壤，可选择腐叶土、草木灰和河沙混合。

2. **浇水**：芦荟像大多数多浆植物一样，较耐干旱，不能积水，而且芦荟的根系多为粗壮的主根，很少须根，水稍微多一点就会导致根系腐烂。春夏秋三季生长，夏季可每周浇水两次，春秋季每周浇水一次，冬季半休眠，可不浇水，或半月到一个月浇水一次。

○日常养护

1. 光照：芦荟喜欢光照，但不耐阳光直射，尤其是夏季高温高热时。其他季节都要保证阳光充足，但在保证光照的同时也要注意通风。

2. 温度：最佳生长温度在15℃~25℃之间，夏季超过35℃植株会进入休眠期，冬季不可低于0℃，温度过低会把植株冻伤或冻死。

3. 修剪：芦荟一般不需要修剪，如果出现枯叶随时摘除即可。

4. 繁殖：分株或是扦插，分株即把母株周围生长出的小植株砍下分植，扦插即在母株上砍下粗壮的茎头，留6片左右叶子，在切口处涂抹一层多菌灵，或是将切口风干两天，插穗的水分挥发得越多，扦插的成功率也就越高。将插穗放在沙土中，浅埋，半个月左右就会生根。繁殖最好选在春秋季节进行。

5. 病虫害：芦荟基本上没有虫害，夏季潮湿闷热的环境下容易根部黑腐，导致植株死亡。因此夏季要严格控制浇水，移到阴凉通风处度夏。

Q：芦荟的品种介绍?

A：芦荟的常见品种可分为观赏类和食用、药用类两种。一般观赏类芦荟植株都比较矮小，适合家庭室内栽培，如翠花掌。而食用、药用芦荟植株都比较高大，有的品种甚至高达2米左右，它们的叶片肉质厚实，可以用来食用或制作药品、护肤品等。

目前，有五种芦荟可以食用、药用。分别是中华芦荟、翠叶芦荟、好望角芦荟、木剑芦荟、皂素芦荟。

Q：芦荟可以制作哪些美食?

A：在世界各地，芦荟的食用价值都相当广泛。我们国家，有出售芦荟果酱、芦荟酒、芦荟饮料等。在不少餐厅，也烹饪出售芦荟炒腰花、芦荟炒牛肉、芦荟炒鸡蛋、芦荟羊汤、芦荟饺子、凉拌芦荟等。但餐厅的芦荟都是经过专业厨师处理过的，因此无毒可食，但家庭食用还是要慎重。

苏铁

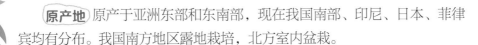
别称：铁树、凤尾铁、凤尾蕉

原产地 原产于亚洲东部和东南部，现在我国南部、印尼、日本、菲律宾均有分布。我国南方地区露地栽培，北方室内盆栽。

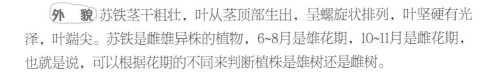

Tips: 最古老的植物之一

早在古生代二叠纪，苏铁就出现在地球上，侏罗纪是苏铁繁盛的时期，那时地球的南北半球均有广袤的覆盖，后来由于冰川侵袭，大面积苏铁灭亡，只有亚洲东部和东南部等地区有幸存，它们的年龄与恐龙相仿，因此被称为植物界的"活化石"。

外貌 苏铁茎干粗壮，叶从茎顶部生出，呈螺旋状排列，叶坚硬有光泽，叶端尖。苏铁是雌雄异株的植物，6~8月是雄花期，10~11月是雌花期，也就是说，可以根据花期的不同来判断植株是雄树还是雌树。

◎净化功能

苏铁对空气中的二氧化硫、过氧化氮、乙烯、汞蒸气、铅蒸气等有很好的吸收和净化作用。

除了净化以上有害物质，苏铁还可以吸收家具中散发的苯，家庭装修后，尤其是添置了大量新家具后，可以摆放几盆苏铁来净化居室内的有害气体。

科属
苏铁科苏铁属

○空间布置

如果客厅面积较大，装修豪华，那苏铁是较佳的植物选择，因为它植株挺拔，叶色浓绿，可以减少空间的空旷感，摆放在沙发一角或是墙壁角落处，会让客厅看起来生机无限，且增加古朴典雅的感觉。如果客厅的面积较小，可摆放中小型植株的苏铁，会让居室看起来具有异域风情。但需要注意的是，苏铁尽量摆放在人们不常走动的角落处，因为它的叶片比较硬，可能会扎到人。

苏铁在绿植中是比较喜肥的，需要常施肥才能保证植株生长好。苏铁主要的生长季是在春夏秋三季，春秋要每周施肥一次，夏季可延长至两周施肥一次。所施的肥料可选饼肥水，但必须是腐熟稀薄的，每次施肥时，稍加一些硫酸亚铁，因为苏铁比较喜欢微酸性的生长环境。苏铁对各种微量元素都有需求，因此每月要施一次复合肥来补充镁、铁、锌等微量元素。

○栽培管理

　　1. **介质**：苏铁喜欢富含腐殖质且排水好的土壤。可选腐叶土、泥炭土、河沙混合配制。

　　2. **浇水**：苏铁是比较喜欢潮湿环境的，因此浇水要本着宁湿勿干的原则。春季和夏季是苏铁生长旺盛的季节，要尽量多浇水，但也要保持通风，不要积水。夏季闷热，水分挥发快，早晚各浇水一次，必要时向植株喷雾，秋季每周浇水1~2次，冬季适当延长浇水时间。

○日常养护

1. 光照：苏铁喜欢光照，稍耐半阴，夏季日照强烈时，可庇荫30%，其他季节放在光照充足处生长更佳。

2. 温度：最佳生长温度在15℃~28℃之间，冬季低于0°可能发生冻伤，要移到室内越冬。

3. 修剪：苏铁生长比较缓慢，每年一般只能生出一轮新叶，因此修剪比较简单，只需剪掉枯叶、病叶即可。

4. 繁殖：苏铁可用种子繁殖、扦插繁殖和分蘖繁殖，因为前两种比较难，所以如果家庭想尝试繁殖苏铁，分蘖繁殖法是可以尝试的，即将植株根茎底部滋生出的分枝进行分离，重新上盆培养，成活后便成新的植株，这种方法很像分株，但与分株不同的是，分蘖分为有效分蘖和无效分蘖，只有有效分蘖是能繁殖新植株的，无效分蘖不可以。

5. 病虫害：家庭种植苏铁，如果通风条件差，则有可能发生煤烟病、炭疽病等真菌感染，发生病害的同时会伴发介壳虫等虫害，此时要用多菌灵或是杀灭介壳虫的药物，同时要移到通风良好、光照充足处。

Q：铁树真的千年开花吗？

A：铁树一般在夏天开花，它的花分为雌花和雄花两种，雌花像一个大绒球，最初是灰绿色，最后会变成褐色，雄花像一个巨大的玉米芯，开花时鲜黄色，成熟后变成褐色。铁树开花不醒目，它的花不似其他艳丽鲜花那样夺目，所以经常被人视而不见，反而有了千年铁树不开花的说法。

Q：苏铁与西米有关系吗？

A：西米是由铁树茎干中的淀粉制作而成的，因此它们之间的关系非常密切。西米可以制作成很多种美味的甜品，如木瓜西米露、芒果西米露等。西米具有健脾补肺、消积化痰的功效。在冬春季节，常食一些西米非常有益。

吊兰

吸甲灭尘
净化空气
家装宜选
监别环境
境居添味
庭院栽培
室内栽培

别称：折鹤兰、蜘蛛草、桂兰

原产地 吊兰原产南非，现世界各地均有，在我国，主要分布在四川、西藏、云南等地。

Tips: 吊兰的种类

金心吊兰：叶中心呈黄色纵向条纹；

金边吊兰：在绿色的叶片上有黄色的线条围绕叶的周围；

银边吊兰：绿叶的周围有白色的叶边；

银心吊兰：叶片的主脉周围有银白色纵向条纹。

宽叶吊兰：叶片宽线形，叶边有微微的波皱。

外貌 根肉质，叶片细长，形如兰花叶片。在叶腋处抽生出匍匐茎，匍匐茎顶端簇生叶片，垂于盆边，外形好像跃然起舞的仙鹤，因此吊兰的别名也叫"折鹤兰"。

○净化功能

吊兰对一氧化碳、二氧化碳等有害气体具有很强的抗性和吸收作用。它还能分解打印机、复印机等释放出的苯等有害物质。据测试，吊兰能吸收空气中95%的一氧化碳和85%的甲醛。还可以净化空气中的细菌和微生物，对香烟中的尼古丁也有一定吸收作用。在一间8~10平方米的房间里，在24小时内，吊兰可以净化掉80%的有害物质，因此有"绿色净化器"的美称。

◎空间布置

　　吊兰是较耐阴的植物，家庭中只要不是阳光直射的地方都非常适合吊兰苗壮生长。装饰客厅的话，将吊兰摆放在高花架上，枝条四散垂下，既飘逸又增添典雅自然之气。或是栽种到吊盆中悬挂在墙壁上，如绿色瀑布从墙壁上倾泻而下，四季常绿，使居室富有生机。

○ 施肥

　　春秋季是吊兰的主要生长期，必须保证肥水充足，可每月施3次稀薄腐熟复合肥，市面上有专门的观叶植物液肥，营养元素多样，又环保又无异味，家养绿叶植物可选用。

○栽培管理

1. **介质**: 疏松、肥沃、保水性好的土壤适合养吊兰。菜园土、腐叶土、沙土混合配制培养土。

2. **浇水**: 吊兰喜湿，春秋季每天浇水一次或隔天浇水一次，夏季时除了阴雨天，可每天早晚各浇水一次，必要时向植株喷雾。冬季如果室温在15℃以上，可以每隔2~3天浇水一次。

阻挡灰尘
净化空气
家装首选
监测环境
增香除味
庭院栽培
室内栽培

○日常养护

1. 光照：吊兰喜散射光，耐半阴，忌阳光直射，夏季要庇荫50%左右，冬季可放在光照充足、温暖的地方。

2. 温度：15℃~25℃最适合吊兰生长，低于10℃会生长缓慢，冬季要注意防冻，5℃以下就可能发生冻伤了。

3. 修剪：吊兰不需要特别的修剪，按时剪去黄叶、枯叶和病虫叶即可。

4. 繁殖：家庭繁殖吊兰常用分株或是幼株扦插。分株可在每年春季翻盆时进行，将带根的株丛分成几份，分别栽培。或是将花葶上带根的幼株减下来移栽，这个随时可以进行。

5. 病虫害：吊兰很少出现病虫害，叶丛过密、通风不畅会导致根腐病、炭疽病或介壳虫、粉虱等。这些花卉常见病的防治方法前面都有介绍。但最好的办法还是加强通风、及时修剪并做到水肥管理恰当。

Q：吊兰花语的典故？

A：吊兰的花语是"无奈又给人希望"。这个花语有个典故，据说从前有个考官，在一次考试中他打算篡改一位优秀考生的试卷，为的是让自己的儿子一举中第。但就在他打算篡改试卷时，皇帝来微服私访，他情急之下将试卷顺手藏在桌边的兰花中，但这个秘密还是被皇帝发现了，皇帝就把这盆兰花赏赐给他，这位考官又羞又恼，不久就病倒了。而他私藏试卷的那盆兰花，也因为羞愧再也没能直立起来，茎叶就一直弯曲生长了。

常春藤

别称：爬树藤、爬墙虎

原产地 常春藤的原产地是我国，我国华北、华南、华东、西南等很多地区都有栽培，目前我国主要栽培的品种有中华常春藤、加那利常春藤、波斯常春藤等。

外　貌 常春藤为爬藤植物，绿色肉质茎匍匐生长，叶片椭圆形，两裂，互生，有的品种叶片先端尖，有的品种叶片先端椭圆，茎上易生长气根，攀附于树干、篱笆、墙壁等处。

Tips: 历史悠久的爬藤植物

说起爬藤植物，人们最先想到的可能就是爬山虎，院落外墙、篱笆上一到夏季，满眼都是绿色的爬山虎，既滋润了双眼也带来了阴凉。但实际上，常春藤才是栽种历史最为久远的爬藤植物。唐朝的《本草拾遗》中就已经对常春藤药用做了记载，也就是说，在唐朝时，我国就已经栽种常春藤了。

但常春藤的品种比较多，我国栽培历史悠久的品种为中华常春藤，在20世纪初期时，引种栽培了西洋常春藤。

○净化功能

常春藤可以吸收甲醛、苯等有害物质，还能吸收香烟中的尼古丁。它所散发出的清幽气味可以起到杀菌消毒的作用，而且它还可以吸附空气中的粉尘。在所有净化作用中，它对苯的净化能力是最强大的，装修后，苯存在于墙面漆、各种板材中，一盆中型大小的常春藤可以吸收室内90%的苯，有效减少其对人体的危害。

○空间布置

　　常春藤是为数不多的喜阴植物，家里一切不能摆放喜阳植物的地方，都可以放常春藤，如油烟多的厨房、阴暗潮湿的卫生间，常年光线不佳的玄关等，书房的书柜顶部也适合放常春藤，枝叶蜿蜒垂下，很能增添书房的文雅之气。

　　家中若有庭院，常春藤也非常适合地栽，可以顺着廊柱或墙面向上攀爬，形成一片绿茵的装饰效果。极好点缀居室的同时，也带给了家人洁净的空气。

○ 施肥

　　春夏秋三季，可以每个月施肥一次稀薄的氮、磷复合肥。夏季施肥时最好选在温度不高的早晚，正午温度高，蒸腾快，肥效释放迅速可能会烧根。

○栽培管理

　　1. **介质**：常春藤对土壤没有过多挑剔，疏松即可。不管你用什么基质，加上一些河沙就可以，可以用腐叶土、菜园土加少量河沙混合配置。

　　2. **浇水**：常春藤喜欢潮湿的环境，土壤要保持微微湿润的状态，但不可以积水，会烂根的。夏季炎热，水分蒸发快，可适当多浇一些，必要时可以给枝叶喷雾。

吸附灰尘

净化空气

家装首选

绿化环境

增香除味

庭院栽培

室内栽培

〇日常养护

1. 光照：最好半阴环境中，夏季庇荫80%左右。

2. 温度：最佳生长温度在20℃~25℃之间，冬季10℃以上可以正常生长，低于0℃有可能发生冻伤，叶片变黄掉落，夏季高于35℃植株会停止生长。

3. 修剪：修剪多是修去残枝败叶、枯黄叶、病虫叶，除此之外不太需要过多修剪。

4. 繁殖：繁殖多用扦插繁殖，剪下一段茎节，插入沙土中即可生根，长成新的植株，所选茎节最好是木质化多一点的。

5. 病虫害：在通风不畅的情况下，容易生蚜虫、介壳虫等，防治方法是保持通风，温度不要过高，一旦发生虫害，可用绿色环保的杀虫药喷杀。

Q：常春藤的花卉礼仪？

A：在很多欧美电影中，新人结婚常见这样一个场景，牧师交给新人们一枝常春藤，寓意他们彼此忠诚，因此常春藤是忠诚的象征。在我国，常春藤还象征永葆青春和长寿，可以送给老人们。

Q：瑞典常春藤与常春藤是同一科属吗？

A：在花卉市场上，有一种绿色观叶植物叫瑞典常春藤，它的茎紫褐色，叶片卵圆形，叶缘有锯齿，属蔓生植物，也同常春藤一样可做家庭垂挂植物。它们虽然名字相近，外貌也相近，却不是同一科属的植物，瑞典常春藤是唇形科香茶菜属植物，与常春藤绝非亲属。

Q：常春藤可以酿酒吗？

A：在16世纪的英国，常春藤是可以酿酒的。把常春藤混在麦子里，就会使麦子变成啤酒。在希腊神话中，常春藤代表着酒神狄奥尼索斯，可能也与常春藤能酿酒有关系。

虎尾兰

别称：虎皮兰、千岁兰、老虎尾

原产地 虎尾兰原产地在非洲，那里干旱少雨，所以所生长的植物都是地下根茎和叶片相当肥厚的，以备少雨时维持生命。

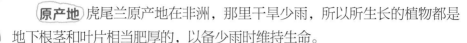
Tips: 虎尾兰的品种介绍

金边虎尾兰、短叶虎尾兰、银边短叶虎尾兰、金边短叶虎尾兰、石笔虎尾兰、葱叶虎尾兰，它们的区别主要在于叶片的长短和叶色的不同。

外　貌 虎尾兰肉质根茎，地上部分几乎看不到茎干，叶片从根茎基部抽出，叶片剑形，硬革质，有的品种叶色深绿，有的则有纹路或是斑点，叶面微被白粉。

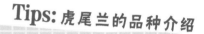
○净化功能

虎尾兰的净化效果很强大，对二氧化碳和一些家装后残留的有害物质都能很好吸收。譬如甲醛、苯、硫化氢、氟化氢、三氯乙烯、乙醚和一些重金属颗粒等，都有吸附或是净化的作用。尤其是对甲醛，据资料记载，在15平方米左右的房间里，摆放两盆中型大小的虎尾兰，可以有效吸收甲醛，减少其对人体的危害。

○空间布置

　　虎尾兰的叶片挺拔直立，不管是小植株还是大型植株，都不会出现蜿蜒的枝蔓和硕大的占地的叶片，在盆栽植物中绝对是比较节省空间的。但虎尾兰是比较喜欢光照的植物，必须摆放在光线充足的位置，如室内的南阳台、窗台，或是明亮的客厅、书房等处。

科属

龙舌兰科虎尾兰属

○ 施肥

　　虎尾兰对肥料的需求不多，春季翻盆时施足底肥，以后每月可施一些稀薄腐熟的饼肥水，夏季不施肥，冬季每隔两个月施一些稀薄腐熟饼肥水。

○**栽培管理**

1. **介质**：虎尾兰根系都是粗根和植根，没有过多须根，更适宜用疏松、排水好的沙质土壤，要保证土壤中有30%的大颗粒介质，这样能使根系更畅快地呼吸。

2. **浇水**：虎尾兰耐旱，忌水湿，春秋冬三季保持盆土表层微干，夏季高温时会短暂休眠，要减少浇水，如遇到阴雨天要适时断水，以免根系腐烂。

1. 光照：虎尾兰喜光，也耐半阴，四季散射光下生长最佳，夏季要适当庇荫。

2. 温度：最佳生长温度在20℃~30℃之间，冬季10℃以上可以正常生长，低于10℃要减少浇水，让植株缓慢进入休眠期，以更好越冬。

3. 修剪：虎尾兰一般不需要修剪，如果发现枯叶或病叶，随意剪除即可。

4. 繁殖：繁殖可用分株和叶插法，叶插即剪下一年以上的老叶，切口消毒后风干1~2天，切口向下插入基质中即可。分株多在春季翻盆时进行，将幼株切下分盆栽培，成活后即变成新植株。

5. 病虫害：如果通风条件好，没有积水，虎尾兰一般不会发生病虫害。

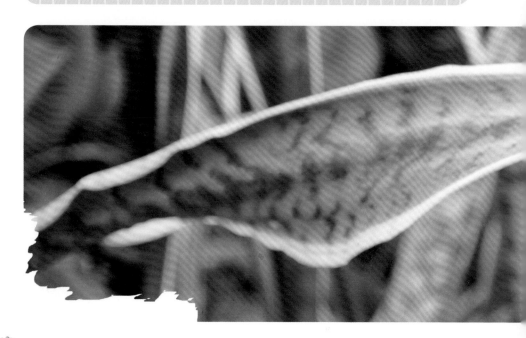

Q：虎尾兰的药用价值?

A：虎尾兰如很多植物一样，具有良好的药用价值。将虎皮兰叶片剪下洗净，捣烂成泥状，敷在患处，可有效缓解跌打损伤的痛感和水肿情况。被蚊虫叮咬后，也可敷虎尾兰，可以消毒止痒。

冷水花

别称：白雪草、冷水草、铝叶草等

原产地 原产地是越南，热带、亚热带地区露地栽培，现全国各地均有栽培，北方多作为盆栽观叶植物。

Tips: 冷水花的品种介绍

花叶冷水花、山冷水花、透茎冷水花、小冷水花、蛤蟆叶冷水花，我们在市面上常见到的是花叶冷水花。

外貌 冷水花一般株高30厘米左右，茎直立，容易分枝，丛生，叶片椭圆形，先端尖，叶缘有不规则锯齿，叶色深绿，上面有白色或灰白色花纹。在每年6~9月会开花，花聚伞状，黄白色。

○净化功能

冷水花可以净化二氧化碳和装修后家具、油漆等释放的甲醛、二氧化硫等有害物质，而且它植株翠绿小巧，非常适合摆放在窗台、桌边等处，既能美化净化环境，还节省空间。当然，这些都不是冷水花最突出的净化功能。

冷水花的强大之处在于它能净化掉厨房烹饪时产生的油烟，要知道，很多植物在油烟大、空气流通差的厨房是没法好好生长的，但冷水花就不同了，它不仅能很好地生长，还能净化厨房环境，这不是家庭主妇们的福音嘛！

Tips: 相关花语

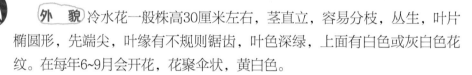

冷水花的花语有些悲伤，是爱的别离。但翠绿的叶子，可爱的外形却一点也不像它的花语那样充满离愁别绪。冷水花的净化能力超群，因此非常适合赠送给常在厨房忙碌的妻子们，赠送礼物带去惊喜的同时，更带去健康。

○空间布置

　　冷水花是非常理想的小型观叶植物。不管是大房子还是小房子，都可以有冷水花的容身之所，可摆放在窗台、茶几、书桌、餐桌等边角处，也可以用吊盆挂在墙壁上或是柜顶。但冷水花不能放在阳光直晒的地方，会使叶片上的花纹变淡，降低观赏性。

○栽培管理

1. **介质**：疏松肥沃的沙土比较适合种植冷水花，配制培养土可用草炭土、河沙和锯末混合。

2. **浇水**：冷水花喜湿不喜干，任何时候都要保持土壤湿润，夏季除了早晚浇水，还要常向叶面喷水。

○施肥

冷水花对肥料的需求不多，秋冬季不需要施肥，其他两季每月施1~2次复合液肥，但不可施过多氮肥，氮肥多了枝叶徒长，植株松散，易倒伏。

○日常养护

1. 光照： 散射光最佳，可在半阴环境中正常生长，但不耐阳光直射。

2. 温度： 最佳生长温度在15℃~25℃之间，夏季可耐高温，但冬季不耐低温，低于10℃会发生冻伤。

3. 修剪： 冷水花的修剪主要是摘心，当幼苗长到15厘米左右，叶腋滋生出的新芽可以适时摘掉，这样的目的是使植株株型更加饱满，但也不能摘心太多，否则植株会长势衰弱。

4. 繁殖： 冷水花最常用的繁殖方法是扦插和分株，在春秋两季进行扦插繁殖，方法是取顶枝的茎干，长10厘米左右，插入细沙中，保持沙土湿润，一般半月左右会生根。

分株主要在春季换盆时进行，将丛生的植株分成几份分别栽培，这就是分株。

5. 病虫害： 冷水花比较容易犯病害，最常见的是根腐病和叶斑病，这都与盆土积水和通风不畅有关系，叶斑病可用波尔多液喷洒，根腐病要及时给植株修根，将腐烂的部分修剪掉，并用多菌灵溶液浸泡根部后再上盆。

○养花Q&A

Q：冷水花的"火炮"现象？

A：冷水花还有一个别称叫"火炮花"，缘由是冷水花开花时，如果向花朵喷水，花粉会像烟花一样喷出来，而且还会发出形象的响声，特别像放烟花和火炮，因此别名"火炮花"。

万年青

别称：冬不凋、九节莲、铁扁担

原产地 原产我国和日本，在我国华东、华中及西南地区分布较多。万年青是多年生草本，无地上茎，根状茎比较粗壮，叶片从根状茎丛生，

外貌 叶片有长柄，叶形多为长椭圆形或卵圆形，春夏两季会从丛中抽出花葶，小花白绿色，素雅清新。

○净化功能

万年青对三氯乙烯有很强的吸收作用，三氯乙烯是一种无色、有淡香味的化学物质，常被添加在涂料、树脂材料、橡胶材料中，家庭装修后，室内一定会存留有三氯乙烯，这种物质超标会对神经系统有一定麻痹作用，人可能会变得头晕、乏力、嗜睡，因此要注意，如果家装后，家人没来由地出现以上症状，则要考虑会否是三氯乙烯超标，要尽早检查和净化。

除了对三氯乙烯有超强的吸收作用外，万年青还可以吸收甲醛等装修遗留有害物质，还对香烟中的尼古丁有净化作用。但是万年青的汁液有毒，当心不要把茎弄破，家里有小孩子的话最好把盆栽放到高柜上。

Tips: 摆放禁忌

万年青全株有毒，一旦不慎沾到万年青汁液，会出现腹泻、呕吐等症状，会接触到皮肤，皮肤会红痛发痒。因此，家养万年青要格外注意，不要割破茎叶，避免汁液流出。如果家中有幼儿，则要将万年青摆放到高台和窗台等高处。

○空间布置

　　万年青叶片宽大翠绿，如果是有斑纹的品种则充满异国情调，常被摆放在客厅、书房等桌案上，会显得居室大气典雅。万年青的好处是不管居室风格如何，它都能搭配出不同的情调，中式风格的居室可将万年青摆放在进门玄关处，或是在屏风边，凸显贵气。如果是简约或是田园风的居室，则摆放在沙发边或是茶几的边角处，会凸显居室的自然气息。

　　万年青有喜庆、吉祥如意的象征，还非常适合摆放在婚房中，为新人增添喜气。如果身边有朋友新婚，是可以把万年青当做礼物赠送的。

○ 施肥

　　万年青喜薄肥，除了冬天不施肥，其他三个季节，每隔半月施一次稀薄的复合肥水。

○栽培管理

　　1. 介质： 富含腐殖质的微酸性沙土适合栽种万年青，可以用腐叶土、沙土、泥炭土配制。

　　2. 浇水： 万年青喜干不喜湿，过多的水会使根系腐烂，因此除了夏天高温高湿季节，都要见干见湿，一周浇水1~2次就可以了。夏天除了必要的浇水，温度高时向叶片喷些水。

○日常养护

1. 光照： 半阴环境最适合万年青生长，光线太弱会影响植株生长，光线太强会灼伤叶片，如果发现叶尖变黄或是出现焦边现象，则是阳光直晒导致的。

2. 温度： 最佳温度15℃~18℃，北方冬季暖气房内要保持温度不得高于16℃，否则会使植株徒长，减缓来年春季的生长速度。

3. 修剪： "四月八，万年青修发"也就是到了农历四月，阳历5月份左右，要给万年青修剪枝叶，剪去弱枝、细小枝、病虫枝、枯黄的叶片等。

4. 繁殖： 家庭繁殖万年青，分株是最简单的方法，可以在春季翻盆时进行，也可以在晚秋植株生长缓慢时进行，将植株根茎处萌发出的侧芽带根切下，在伤口处涂抹多菌灵粉末，然后将带根侧芽上盆，即可长成新的植株。

5. 病虫害： 常见病虫害有叶斑病、炭疽病、介壳虫等。预防病虫害要做到两点，第一通风要好，第二少浇水，避免积水。

Q："冬不凋"别名是如何得来的?

A：万年青5、6月份开花，9、10月份结果，但结果的多少是跟授粉有关系的，授粉的方法很多，要给万年青授粉，非蜗牛不可。方法是5、6月份开花时，把万年青放到阴湿的室内，让蜗牛授粉，授粉成功果实就会结得很多，满枝都是红彤彤的果实，这些果实秋天长熟，整个冬天都不会凋落，因此别称"冬不凋"。

Q：万年青的近亲有哪些?

A：如果仔细观察，不难发现在花市的绿植中，有不少与万年青长相相近。如雅丽皇后、黛粉叶、银皇后、白雪公主、花叶万年青、黑美人等，它们的差异主要在叶片上，有的是叶柄颜色不同，有的则是叶片纹路或色彩不一样。但它们都是天南星科的植物，与万年青是亲戚关系，因此净化作用也颇为相似，但天南星科还有个共同特点需要注意，它们的汁液都有毒，因此家庭栽种时要注意别碰其汁液，避免伤害到身体。

棕榈

吸附灰尘

净化空气

家装宜选

性喜环境

播香除味

庭院栽培

室内栽培

别称：唐棕、中国扇棕

原产地 棕榈原产我国，主要分布在秦岭、长江流域以南的温暖多雨地区。

Tips:关于棕榈的最早记载

棕榈叶片硕大，形状奇特，很像热带或亚热带植物，但实际上，棕榈在我国的栽培历史已经非常久远了。早在战国时期的地理专著《山海经》就有对棕榈的记载："石翠之山，其木多棕。"

《本草纲目》和《本草拾遗》中记载，棕片"可织衣、帽、褥、椅之属，大为时利"，棕片织绳，"入土千岁不烂"。

外貌 成年的棕榈树最高可达10米，树干圆柱形，大叶簇生于树干顶端，大叶形似蒲扇，具长叶柄，在4、5月份开花，10、11月份果熟。

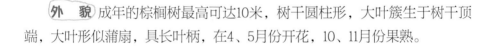
○净化功能

棕榈对氯气、二氧化硫、氟化氢、汞蒸气等都有较佳的净化作用，并对这些有害物质有极强抗性，因此棕榈特别适合栽种在污染严重的厂矿地区。棕榈的净尘作用也是超群的，它的大叶片可黏滞空气中的粉尘，这在空气污染严重，且风沙大的地区极为有用。

据相关测验，1千克棕榈的干叶可以吸收硫化物16克，吸收氯3克。棕榈成株在离二氧化硫污染源300米处依旧能良好地生长，可见其对二氧化硫的抗性是很强大的。

科属
棕榈科棕榈属

○空间布置

棕榈树形高大，南方多露地栽培，但在北方由于温度限制，多为盆栽，盆栽棕榈要选择大一些的盆器，紫砂盆器典雅贵气，比较适合与奇特树形的棕榈搭配。

客厅、书房、卧室等空间的角落处，或是一进门的玄关柜边，这些边角处适合摆放棕榈，但棕榈树形大，装饰大户型的居室更适合。

还可以摆放在庭院中、水池边、庭院门口等处，大树巍峨挺拔，别有一番异国情趣，对有害物质的净化作用还使棕榈是很好的绿化树种，可有效净化庭院环境。

吸新灰尘
净化空气
家装首选
监测环境
美容除味
庭院栽培
室内栽培

○ 栽培管理

1. **介质**：肥沃、排水好的微酸性土壤最适合棕榈生长，可用沙土、腐叶土、菜园土加基肥混合配置。

2. **浇水**：棕榈喜欢湿润潮湿的环境，但也耐一定的干旱，冬季每周浇水一次，其他季节每周浇水2~3次，夏季高温时早晚向叶片喷水。

○ 施肥

棕榈喜肥，除了春季翻盆时施足底肥外，每半月还要施一次稀薄腐熟液肥。

吸附灰尘

净化空气

家装宜选

监测环境

增香除味

庭院栽培

室内栽培

〇日常养护

1. 光照：棕榈喜光，但也比较耐阴，春秋冬三季都要放在向阳处，夏季光照强烈时，遮阴要达到50%以上。

2. 温度：棕榈是热带植物，但却比一般热带植物耐寒，最适合的生长温度18℃~30℃，冬季低于0℃也可以正常生存。

3. 修剪：每年春季翻盆时，结合修剪，剪掉老叶、病虫叶、枯黄叶片。

4. 繁殖：家庭不适合繁殖棕榈。棕榈繁殖多用播种，但播种前期要做许多繁琐的准备工作，发芽至长出幼苗期间需要很长时间，家

庭繁殖很难成功。

5. 病虫害：棕榈最常见的病害是黑腐病，病菌常从叶片侵入，叶片枯黄，接着就会茎干枯萎，地上茎干枯萎后，地下根也会随之腐烂，全株枯萎。

Q: 棕榈油是怎么得来的?

A: 棕榈的果实可以榨取油脂,也就是我们常听说的棕榈油。棕榈油可以食用,能够替代花生油、大豆油、葵花子油和动物油脂。它非常容易被消化吸收。但目前为止,棕榈油被当做家庭烹饪用油还是比较少的。它主要用于制造业。譬如制作蛋糕、饼干、面包等食物。除了用在食品制造业,棕榈油还常被用来制作日用品,其中香皂就是常见品之一。使用棕榈油制作香皂,对皮肤温和,而且去污洁净能力超强。制作出的香皂硬度也最佳,这样能避免浪费。

龟背竹

别称：龟背蕉、蓬莱蕉、铁丝兰、穿孔喜林芋

吸附灰尘

净化空气

家庭宜选

培养环境

居室除味

庭院栽培

室内栽培

原产地 原产地是墨西哥，在我国华南地区的福建、广东等地广泛栽培。

外　貌 龟背竹茎粗壮且有竹子一样的节，茎上会长出气根，气根常常会攀附在其他物体上，龟背竹叶厚实革质，互生，叶形似乌龟壳，成熟的叶片上有不规则的羽状深裂，幼叶心形，上面没有穿孔。成熟的叶片深绿色，幼叶浅绿色。

○净化功能

龟背竹可以净化空气中的有害物质，尤其是对甲醛的吸收功效很强大。有实验证实，龟背竹可以将房间中80%的有害气体净化掉。很多植物都是在光合作用下白天释放氧气，夜间释放二氧化碳，但龟背竹却在晚上吸收二氧化碳，且吸收量比其他花木高6倍以上，有"天然清道夫"之称。很多植物不能放在卧室内，但龟背竹却是个特例，白天夜间都能起到净化空气的作用。

夜间净化环境的植物

仙人掌科、景天科、芦荟科的植物会在夜间吸收二氧化碳，净化室内空气。这类植物夜间打开气孔，吸收二氧化碳，并将其贮存起来，等白天进行光合作用的时候释放出去，这是有别于其他植物的特殊光合途径。而这类植物，是可以放心摆在卧室中的，它不会与人争氧，还能增加空气的负离子浓度，使夜间环境更绿色舒适。

这类植物包括仙人球类、仙人掌类、量天尺、蟹爪兰、景天三七、燕子掌、石莲花、龙舌兰、芦荟、生石花、姬凤梨等。家庭选购净化植物时，可格外留心这些植物。

○空间布置

　　龟背竹叶形大，叶柄长，虽然占据空间较大，但植株叶形奇特，姿态优美，非常适合绿化居室。小型盆栽可以放在卧室、书房等处，大型盆栽则可以装饰庭院、花园、客厅等处。龟背竹是著名的耐阴植物，很多大户型或是别墅，常将龟背竹摆放在进门玄关处或是过道处，显得居室古朴典雅。

　　龟背竹喜肥，夏季是主要生长期，要多施肥，每隔10天施肥一次，稀薄氮肥为主。秋后增施一次磷钾肥，防止植株倒伏。冬季可以停止施肥。

○栽培管理

1. **介质**：龟背竹喜欢肥沃、富含腐殖质的微酸性土壤，可以用腐叶土、菜园土和河沙进行配制，在配土中要加入一定量的肥料。

2. **浇水**：龟背竹叶片大，水分挥发比较快，因此要常浇水，使土壤保持湿润状态。春秋季1~2天浇水一次，夏季早晚各浇水一次，必要时给植株喷水，冬季3~4天浇水一次。

○日常养护

1. 光照：龟背竹不喜欢过强的日照，半阴的环境适合它生长。除了冬季放在有充足光照的地方，其他三季都要做好遮阴措施。

2. 温度：最适合生长的温度是15℃~28℃，高于32℃植株会停止生长，低于5℃容易发生冻伤。

3. 修剪：龟背竹茎叶变大后，要进行修剪绑扎，来避免其倒伏，修剪时将枯黄叶、过密叶去除，必要时要将顶芽剪掉，避免其徒长，使植株矮化。

4. 繁殖：繁殖龟背竹有分株、扦插和播种三种，分株一般在夏秋季进行，将大型植株的侧枝整枝剪掉，枝条要带气根，剪下后直接移栽即可。扦插可在春秋两季进行，剪下健壮的侧枝，要至少带有两个茎节的，将茎上的叶片剪掉后插入沙土中，约摸一个月会生根。播种的方法比较繁琐，先要采集种子，要将种子充分浸泡，给播种土壤消毒，还要保证适当的湿度和温度，也是大约一个月能出芽，如果播种成功，那么幼株的抗病力和生长能力要比扦插或是分株的幼株更强。

5. 病虫害：龟背竹常见的病虫害是灰斑病和介壳虫。灰斑病一般从叶片边缘的伤口处开始感染，叶片出现灰黑色的斑点，受病区域逐渐变大，植株受病害后，会继发介壳虫。这两种病虫害都是由于通风不畅等原因引起的。患病后要及时喷药处理，介壳虫少时可以手工捕捉，多了必须用药。

吸附灰尘

净化空气

装苞宜选

监测环境

烘香除味

庭院栽培

室内栽培

Q：龟背竹的食用价值？

A：龟背竹的花果都可以食用，在墨西哥龟背竹的花果是常吃的食材，可以焯水后凉拌，也可以滚面后油煎，味道清香似菠萝。

Q：龟背竹、小龟背竹、仙洞万年青三种如何区分？

A：这三种观叶植物的科属都是一样的，都是天南星科龟背竹属。它们的外形也相似，所以经常被搞混淆。但其实还是有差别的。龟背竹叶片卵圆巨大，深裂延伸到叶缘。小龟背竹叶片心形，比龟背竹叶片要小很多，小龟背竹叶片上有不规则的裂洞，但叶缘是光滑完整的。仙洞万年青叶片长椭圆形，叶片有裂洞，叶缘也是光滑无缺刻的。

君子兰

别称：达木兰、大花君子兰、剑叶石蒜

原产地 原产地南非，我国的主产地在长春。

外 貌 君子兰根系肉质，叶基部形成假鳞茎，叶片剑形，互生，伞状花序顶生，每个花序都有小花7~30朵。小花漏斗状，有花柄，花色橘红色或黄色。

Tips: 君子兰的近亲——垂笑君子兰

垂笑君子兰也是石蒜科君子兰属的植物，外形与君子兰有少许差别，君子兰叶片宽厚、短，花朵开放时直立，垂笑君子兰叶片狭长，花色淡橘色偏黄，花朵开花时下垂。垂笑君子兰花期长，不容易夹箭，也是家居种植的花卉精品。

○净化功能

君子兰对硫化氢、一氧化碳、二氧化碳都有极强的净化作用，但它净化二氧化碳是在白天，白天君子兰叶片张开气孔，吸收大量二氧化碳，释放氧气，增加居室内的负离子浓度，君子兰释放氧气的量是其他植物的几十倍。但这仅限于白天，夜间君子兰会消耗氧气释放二氧化碳，俗语说的与人争氧，因此不适合摆放在卧室里。

君子兰还可以净化香烟释放的有毒物质，有实验显示，在10平方米左右的居室内，摆放2~3盆中型植株的君子兰，可有效吸收烟雾，净化浑浊的空气。

○空间布置

君子兰株型端庄大方，叶色翠绿，花繁色艳，是观花观叶集一身的优良花卉。可以摆放在客厅的低柜和茶几上，也可以放在书房窗台或书桌边，所增加的氧气可使人思维清晰、神清气爽。

吸附灰尘
净化空气
家装宜选
监测环境
提香除味
庭院栽培
室内栽培

○ 施肥

　　君子兰是喜肥的植物，但要薄肥勤施，春秋季每隔半月施一次稀薄腐熟饼肥水，冬季开花季节每隔10天施一次稀薄的磷钾肥，能促进花大鲜艳。夏季因为温度高，施肥要减少，如果碰到连阴雨要避免施肥，夏季根据具体天气情况施肥，可改成每个月施一次稀薄复合肥。

○栽培管理

1. **介质**：含腐殖质丰富的土壤适合栽种君子兰，配制土壤时可用腐叶土、河沙、炉灰渣、骨粉按比例混合。

2. **浇水**：春秋季每1~2天浇水一次，夏天早晚各浇水一次，冬季每周浇水一次。但浇水原则还要根据具体天气情况，譬如夏季多雨阴湿天气，就要减少浇水量，避免因水多而烂根。如果冬季室内温度高，就要增加浇水次数，改为每周浇水2次。

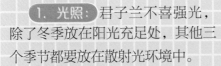

○日常养护

1. 光照：君子兰不喜强光，除了冬季放在阳光充足处，其他三个季节都要放在散射光环境中。

2. 温度：15℃~25℃是君子兰最适宜生长的温度，冬季低于10℃时，植株会慢慢停止生长，低于5℃，会进入休眠状态，0℃就可能发生冻伤了。夏季温度高于30℃，则要警惕高温灼伤，因此夏天要经常向叶片喷水降温。君子兰属于既不耐寒又不耐高温的植物，在冬夏两季种植时要特别给予关注。

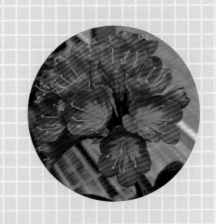

3. 修剪：修剪一般在春季翻盆时进行，剪掉枯叶、病虫叶。

4. 繁殖：家庭最常用的繁殖方法是分株，分株就是将植株从盆中挖出，找到幼株与母株的连接点，从连接点处将幼株切下，幼株和母株切口处均涂抹一些草木灰或是多菌灵粉末，上盆即可。

5. 病虫害：君子兰最常见的病虫害是软腐病和叶斑病，软腐病多是从植株切口处发生的，染病的叶片会出现淡黄色水渍状斑点，然后全株叶片软腐，发生软腐病后要及时去除腐烂的叶片，更换介质，还要用土霉素5000倍液涂抹病斑。叶斑病主要发生在叶片上，病菌侵染叶片，使叶片产生不同形状的褐色斑点，最终致使叶片枯萎，发病后要及时用托布津防治。

Q：怎么防治君子兰"夹箭"？

A：夹箭即植株抽箭时抽不出，花苞被夹在塔座内开花的现象。君子兰夹箭多是因为冬季室内温度低，土壤水分不足导致的，因此要想君子兰正常开花，必须保证室内温度和土壤湿度。

Q：君子兰有何美好寓意？

A：在《辞源》中称"有才德的人为君子"。因此君子兰寓意着富有君子般的品格和风采。送人的话，有祝福吉祥、富贵的美意。很多地方，公司开业时讲究赠送君子兰，以示祝福事业兴旺发达、财源广进。但也有很多南方地区，开业时忌讳赠送君子兰，怕养不好夹箭，有生意失利的意思。

发财树

吸新鲜生

净化空气

家栽宜选

盆栽环摘

增香除味

庭院栽培

室内栽培

别称：瓜栗、马拉瓜栗

原产地 原产墨西哥、哥斯达黎加，我国作为油料植物引种，现主要在台湾、广州、福建、广西等地区栽培。

Tips: 别称的由来

发财树又称马拉瓜栗，最早被海南引种栽培，后来做出各种造型促进销售，也将其名字改为"发财树"，更具吸引力。

外　貌 发财树的树干上细下粗，基部最粗，叶形掌状，由5~7片小叶组成，小叶先端尖，脉络清晰对称，叶色翠绿，很讨人喜爱。

Tips: 美国花生

发财树的种子可以榨油，气味与花生类似，因此其种子被称作"美国花生"。

○净化功能

发财树是联合国推荐的环保树木之一，它能有效净化一氧化碳、二氧化碳等有害气体，对室内温湿度也有不错的调节功效，被誉为"天然的加湿器"。北方干燥寒冷的冬春季节可以室内栽培几盆发财树，既能净化空气，还可以增加湿度。

科属

木棉科瓜栗属

○空间布置

　　华南地区多为户外栽培，可起到美化城市环境，净化城市空气的作用。北方地区多为室内盆栽，光照充足的朝南房间可以摆放发财树，在光照不充足的居室，可以摆放2周左右观赏，然后移到光照充足处让其进行充分的光合作用。

　　办公场所可将发财树摆放在进门处或是过道，既可显现出热带情趣，还可以有效净化办公区内污浊的空气。

发财树喜肥，每年春季翻盆时要施足底肥，每隔半月要施一次腐熟的液肥，冬季也改成每个月施一次腐熟液肥或观叶植物专用肥。

○栽培管理

1. **介质**：排水好、腐殖质丰富的酸性沙土，可用泥炭土、腐叶土、河沙，加少量鸡粪肥或骨粉配制。

2. **浇水**：喜湿忌涝。发财树是热带植物，性喜温暖湿润的环境，但这并不意味着要加大水量，增加浇水次数，因为发财树根系不发达，摆在案头的小植株可能根本没有根系，所以要尽量少浇水，成年的大植株1~2个月浇水1次，多给植株及叶片喷雾，保持其周围的湿度。

1. 光照：喜欢阳光，也耐半阴。夏季适当遮阴，春秋季完全光照。

2. 温度：发财树是亚热带植物，喜温暖怕寒冷，在15℃~30℃之间最适宜发财树生长，如果冬季低于5℃，植株会发生冻伤或冻死。

3. 修剪：修剪发财树一般在夏季进行，留下生长良好的主干，疏剪掉病虫枝、枯弱枝条和影响整体造型的多余枝条。很多在花市上买到的成株发财树，都是定型后的植株。家庭修剪发财树只要本着疏枝的原则就可以了。

4. 繁殖：家庭最常用也是最简单的繁殖方法是扦插法，在南方地区四季都可以进行扦插，北方地区5~8月进行，选取顶稍枝条，剪成10厘米左右，插入沙土中，在一定湿度条件下，一个月左右便会生根。

5. 病虫害：发财树常见叶枯病和腐烂病。腐烂病多发生在通风不畅的环境中，主要侵染植株的根茎部位，叶枯病是病菌侵染叶片，使叶片出现病斑、枯萎脱落等现象，发生这两种病，可用百菌清和多菌灵溶液喷洒。

Q：发财树可以水培吗？

A： 水培发财树也是室内栽培的一个好方法，优点是更整洁干净，便于观察生长情况。

步骤1：将买来的小植株去土，冲干净根系上的土，把土生根全部剪掉。

步骤2：用多菌灵1500倍液浸泡根部20分钟。

步骤3：取出植株后晾干根部，用鹅卵石或是陶粒固定植株，灌水到根基部即可，千万不要灌水太多，10~15天便可以生出新根。

百合

别称：百合蒜、中逢花

原产地 原产亚洲东部、北美、欧洲等地，全世界有百合品种一百多种，我国则是四十多种百合的原产地。

外 貌 茎直立，茎高50~100厘米，叶片呈针形，花朵顶生，喇叭形，花瓣向外翻卷，花色很多，有红色、白色、黄白、橘红、粉红等。有的品种无香味，有的品种有浓香。

Tips: 我国著名的百合品种

麝香百合、王百合、卷丹、青岛百合、兰州百合、山丹百合、鼠子百合。

○净化功能

百合花可以净化空气中的一氧化碳、二氧化碳和二氧化硫等有害物质，而且，百合所释放出的香气淡雅脱俗，香气若隐若现让人身心愉悦，却不会过度刺激嗅觉。买一束鲜切百合去看望病人，表达了慰问之意还会愉悦精神。在家中摆放盆栽百合，可以吸附异味，且让居室暗香流动。

科属
百合科百合属

○空间布置

　　盆栽百合花可装点居室，放在门厅、客厅、阳台、书房等处，花色靓丽的百合会使居室氛围更加活泼明朗，如果选择百合鲜切花装扮居室，最好选择未开放的花蕾，花瓶中放少许砂糖，或放一片维生素C，这样可以延长开花时间，每天向花枝喷雾，晶莹剔透的水珠在花瓣上滚动的景象还真是美妙。

吸新灰尘

净化空气

家养宜选

恶劣环境

情趣探味

庭院栽培

室内栽培

○栽培管理

1. **介质**：富含腐殖质、疏松肥沃的微酸性土壤最适宜百合花生长，配制时可选泥炭土、沙土、珍珠岩加适量骨粉。

2. **浇水**：百合喜欢湿润的环境，但这里所指的湿润是外环境，在夏季高温时，要保证盆栽周围湿度在80%以上，湿度低植株会生长不好，但湿度过高则会诱发病害。盆土要保持湿润状态，用手指轻按土壤，能轻易按个指印，手指却不会沾到土，保持这种状态就可以了。

○施肥

百合花喜肥，在每年上盆时，要施足底肥，底肥的肥效可持续到开花前期。在开花期间，每半个月施一次稀薄的氮、钾肥，开花期间，增施1~2次磷肥，但磷肥不可过多，多了会使百合叶片枯黄。如果在生长期或花期，并没有施过多磷肥的条件下，叶片还是变黄，那就是缺铁引起的，需要补施1~2次铁元素。

插花保鲜的妙招

美丽的鲜切花搭配各具特色的花瓶，着实很具美感。但鲜切花如果只放在清水中养，过不了十天半月便会凋落了，有没有使鲜切花延长花期的办法呢？

当然有，除了上面说的放砂糖或是维生素C，还可以加入食盐、味精、食醋、洗洁精、阿司匹林等，但浓度不宜过高，在水中加入这些用品，都能有效保鲜插花，使得花期延长。

1. 光照： 百合花喜光，缺光会使植株生长不良，开花少，叶片颜色变淡。但对光照的要求比较严格，有三个时期需要适当遮光，第一个时期是上盆生根期间，光照太强会阻碍根系正常生长，因此要放到稍阴凉的地方；第二个时期是现蕾期要适当避光；第三个时期是夏季，光照过强时要适当避光。其他时期都要放在有明亮光照的地方。

2. 温度： 百合的最佳生长温度是15℃~25℃，但鳞茎上盆后却要低于15℃，温度过高会影响鳞茎生根，家庭种植百合，上盆后要将盆栽移到阴凉通风处，如果温度持续高于15℃，要考虑用物理降温的方法，譬如吹风扇，也可以用给盆栽喷雾的方法，但这样会增加空气湿度，容易导致病害，所以吹风扇是最好的方法。等根茎长出来后便可以提高环境温度了。

3. 修剪： 盆栽百合不用在修剪上面费心太多，生长期有枯黄叶剪掉即可。

4. 繁殖： 家庭繁殖百合最常用最简单的方法是分鳞茎法，在9~10月时，将收获的百合周围的小鳞茎掰下来，贮存到沙土中越冬，第二年春季上盆培育，一般培育一年，到了第三年的春季就可以养成大鳞茎，长出根茎开花了。

5. 病虫害： 百合花常见病虫害有黑腐病、叶斑病和蚜虫。黑腐病发病是从茎干开始至根部，起初出现黑色病斑，最后茎根都会枯黑腐烂。在发现茎干部位出现枯黄斑点时就要灌药防治，一旦黑腐至根部，植株就没法救治了。叶斑病发生在叶片上，染病后叶片上出现不规则病斑，最后导致叶片枯黄，掉落，发病后要及时摘掉病叶片，并喷药防治。蚜虫多与病害伴发，一旦发现蚜虫，可先用牙签蘸肥皂水清洗，虫害严重时可用百菌清喷杀。

Q：百合的食用价值？

A：百合干品是日常生活中的食用佳品，以百合做食物的有西芹百合、百合糯米粥、百合莲子羹、百合雪梨膏等，百合既能清热祛暑，又具滋补功效，是夏日里不可多得的食材。

干品百合是百合鳞茎上剥下来的碗状片，晒干后储存即成，食用前要充分浸泡，浸水变大后就可以炒食或煮食了。但并不是所有的百合鳞茎都可以食用，鳞茎小、味苦的不适宜食用；只有鳞茎大、肉质厚实的才可以食用和药用。

Q：百合的美好寓意？

A：不论是东方还是西方，都把百合视为纯洁高雅的象征，天主教用白色百合花来象征圣母马利亚，梵蒂冈以百合花为国花。在我国，百合的图案自古便被用作婚礼上，将百合、柿子和如意摆放在一起，取意"百年好合""百事合意"，现代婚礼上，现场布置多用百合花，新娘的手捧花也多为百合花。

Q：百合与萱草的区别？

A：百合与萱草的花朵很相似，这是人们混淆它们的主要原因，但百合花与萱草还是有很大区别的。百合是百合科百合属植物，多年生球根，茎直立，叶片针型对生或互生，花朵生于茎干顶端。萱草别称忘忧草，也叫金针菜，把它的花蕾采下晒干，就是我们常吃的黄花菜，黄花菜只有干品可适宜食用，新鲜摘下来的黄花菜有毒。萱草是多年生宿根，茎直立，狭长叶片在根茎底部丛生，花朵生于茎干顶部。由此可以看出，百合与萱草最容易看出的区别是，百合叶片对生于茎干上，萱草的叶片全部生于根茎底部，上部茎干是光滑无叶片的。

吸新除尘

净化空气

移栽首选

耐寒环境

增香除味

传统栽培

室内栽培

金橘

别称：金柑、金丹、金弹

原产地 金橘原产我国，福建、广东、广西等地出产最多。

Tips: 金橘的栽培历史

明代的《本草纲目》对金橘已经有了详细记载，明确表明金橘可食用亦可药用。到了清代，学者王世雄在《随息居饮食谱》中说："金橘，以黄岩所产形大而圆，皮肉皆甘，而少核者胜。"说的是浙江黄岩的金橘品质最好，外形好、口感佳。

外　貌 金橘株高50~100厘米，叶片长圆状披针形、互生，叶片深绿色、油亮，花朵白色，有清香，果实卵圆形，青色，成熟后金黄色。金橘花开时观花，结果后观果，在南方，尤其是广东地区，是年宵时最畅销的植物。

Tips: 金橘，南方的年宵花卉

粤语中，橘字的读音与"吉"近似，因此人们常用橘比喻为吉祥如意、大吉大利，每年春节时，到花市上选一盆挂满果实的金橘摆放在家里，显得喜庆而且极具观赏价值。每株金橘上果实的数量也是有讲究的，一般80~100头的金橘最受欢迎，因为它寓意"招财进宝，来年发财致富"。

○净化功能

金橘植株不仅装饰效果超群，净化作用也非比寻常。它能净化空气中的汞蒸气、铅蒸气、乙烯、过氧化氮等有害物质。如果家里新添置了家用电器、塑料制品等，金橘还能吸收它们散发出的异味。

科属
芸香科金橘属

○空间布置

  花市上的金橘植株多在50~100厘米之间，可以根据居室摆放空间的大小来选择，大植株的金橘可摆放在客厅茶几边，或是书房角落，如果你的玄关不是过于阴暗，也可以放在一进门的玄关处，打开门便让人眼前一亮，增添居室的喜气与贵气。

  金橘生长过程中，会有不同程度的落叶和掉果，不建议放在卧室中。金橘是喜光的植物，如果居室空间光线不足，也不建议摆放。金橘的叶片会存有落尘，要经常用水喷洗，否则影响植株的观赏性。

吸附灰尘

净化空气

繁殖方法

监测环境

驱蚊除味

庭院栽培

室内栽培

○ 施肥

　　金橘每年春季翻盆时要施底肥，腐熟的饼肥或骨粉均可。春季可每月施3次腐熟的麻渣水或饼肥水，金橘爱偏酸性土壤，为了保证介质的酸性，可在春季施3~4次矾肥水，为的是调整土壤的酸碱度。

　　进入夏季后，金橘进入孕蕾开花期，这时每月可施2次磷肥。秋初花落座果，这段时间不仅浇水要注意，也要暂停施肥。等果实坐住再恢复施肥，可施2~3次复合液肥。10月开始到来年春季这段时间，都可以不施肥。

○**栽培管理**

  1. **介质**：金橘喜欢肥沃、疏松的微酸性土壤。腐叶土、沙土加适量底肥可配制成金橘培养土。

  2. **浇水**：金橘是比较喜湿的植物，春季每1~2天浇水一次，每天都要向叶片喷水，保持周围湿度，夏天可每天浇水一次，早晚各喷水一次，夏末秋初，是金橘坐果的时间，这段时间要注意浇水。太过干旱，影响坐果；太过湿润，会落花落果。夏末秋初坐果时期，要保持土壤半干半湿，稍微干一些可以调整，切不可过湿。

1. 光照： 金橘喜欢光照充足且温暖的环境，除了夏季适当避光，其他三季都要摆放在有明亮光线的地方，由此可见，家庭中摆放金橘其实是比较挑地方的，光线不足会影响金橘生长，降低观赏性。

2. 温度： 金橘的最佳生长温度在15℃~30℃之间。但在冬季则要控制在5℃左右，冬季是金橘的休眠期，温度高会导致植株无法正常休眠，而影响来年的长势。南方可将金橘盆栽室外摆放，北方暖气室内可放在阳台窗边，常常能开窗降温通风的地方。

3. 修剪： 修剪多在休眠期后期，春芽萌发前进行，将老弱枝、枯枝、病虫枝、过密的枝条修剪掉，一般情况下，修剪会结合着春季的扦插繁殖一并进行，剪下的枝条可选取粗壮的作为插穗，来繁殖新植株。

4. 繁殖： 金橘繁殖主要是嫁接，但对于非专业人士，只是将植物买回来摆放对位置，美化环境，那嫁接就相对烦琐很多，不适合普通的养花爱好者，嫁接可选酸橙或是枸橘作为砧木，砧木要保证粗壮健康，接穗要选择两年以上粗壮的枝条，只留叶柄，所有叶片剪除，将砧木和接穗容易接触和靠近的部位削去外皮，将其削口对齐，绑扎结实，切口愈合后，将砧木上段剪除，接穗下段剪除，这样新植株就嫁接完成了。金橘嫁接算是比较难成活的，我们上面用的嫁接方法叫靠接，比较适合繁殖金橘，成功率也是相对较高的。

5. 病虫害： 金橘易发生的病虫害有炭疽病和黄凤蝶。如果在生长期间施肥合理，植株抗病能力高，几乎很少发生炭疽病，金橘的炭疽病与缺施钾肥有关系。要是发生了炭疽病，赶紧摘除病叶和落果，并用百菌清或多菌灵溶液喷洒全株。

黄凤蝶是金橘比较容易染的虫害，虫少时可人工捕捉，虫多可选一些绿色环保的家用杀虫剂。

Q：金橘的食用价值?

A：我们都知道，金橘含有丰富的维生素C，几乎与猕猴桃一样多，而且还含有丰富的各类微量元素，是秋冬比较理想的水果。在秋冬季节，很多人会因为天气寒冷，进食过多而导致食滞气胀，痰多咽喉不适。从中医学角度讲，金橘则具有消积祛痰的功效，非常适合秋冬季节食用。但也有人认为，吃多金橘容易上火，其实这个很好解决，食用金橘时，把橘络一起吃掉，就不会上火了。橘皮可以泡水，橘皮水清热去火，也可以晾干装进枕芯，能够明目，防治头晕头痛。总之，金橘的食用药用价值跟它的观赏净化价值一样，是超高的。

非洲堇

吸附灰尘
净化空气
家养首选
监测环境
培香添味
庭院栽培
室内栽培

别称：非洲紫罗兰、非洲苦苣苔、圣保罗花

原产地 原产非洲热带地区，现在全世界各地均有栽培。

Tips: 非洲堇的栽培历史

非洲堇是1892年被德国植物学家圣保罗在非洲发现，1893年在德国栽培，1894年引种到英国栽培，1927年美国开始培育出非洲堇的杂交品种。目前，非洲堇已经有了重瓣型、复色型、皱瓣型、斑叶型、迷你型、超迷你型等品系。

外 貌 非洲堇茎肉质、极短，叶片椭圆形，表面呈波浪状，且布满细细的绒毛，叶片丛生，花朵簇生于叶丛中央，花有复瓣、单瓣、重瓣之分，花色很多，多年生草本植物。

Tips: 世界上超火的非洲紫罗兰

非洲堇在欧美各国非常火，是著名的窗台植物，在各种售卖花卉的超市随处可见，他们对非洲堇的热爱就像我们对杜鹃花和君子兰的热爱。在美国，还专门成立了全国性的非洲紫罗兰协会。

○净化功能

非洲堇的净化作用主要在于杀菌，它所散发出的香气可以强效杀菌，对结核杆菌、肺炎球菌、葡萄球菌等有明显的抑制和杀灭作用。

科属
苦苣苔科
非洲紫苣苔属

○空间布置

非洲堇株型小，花期长，适合摆放在居室中的任何位置，而且它较耐阴，独特的杀菌作用，使得它最适合摆放在家里潮湿阴暗，很多花卉都不适宜生长的地方，如厨房、卫生间。长久以来，厨房和卫生间是家里病毒细菌出没的重灾区，能摆放在这两处的花卉多是绿色观叶植物。能耐阴、可净化空气且色彩绚烂，非洲堇是家养植物的净化装饰典范，难怪它在欧美广受欢迎。

○ 施肥

生长期每隔半月施一次稀薄腐熟的饼肥水。现蕾后施1~2次磷肥，可促使开花大而鲜艳。

○栽培管理

1. **介质**：肥沃、疏松的微酸性土壤最适宜种植非洲堇。可用腐叶土、草炭土、沙土混合配制。

2. **浇水**：非洲堇不可浇水过多，冬春两季天气寒冷，要等盆土干透后再浇水，夏季温度高，水分易挥发，要稍增加浇水量和浇水次数。非洲堇对环境湿度有一定要求，夏季时可向盆周喷水，但千万不要喷到叶片上，因为非洲堇的叶片上布满绒毛，沾到水后容易腐烂。

1. 光照：非洲堇喜散射光，耐半阴。冬春两季可摆放在光线充足处，避免徒长。夏秋两季要适当避光，光照强会灼伤叶片。

2. 温度：最适合非洲堇生长的温度在15℃~25℃，冬季低于10℃可能会发生冻伤，夏季高温30℃以上，植株会停止生长。

3. 修剪：一般情况下，非洲堇不需要修剪，但如果枝叶太过繁密，致使植株根茎密不透风，就需要减掉一部分枝叶，生长过程中，有枯叶黄叶也要随时摘除。

4. 繁殖：非洲堇的家庭繁殖方主要是叶插，冬春季时，在植株莲座外二三层处剪取叶片，叶片要保证健康完整、要留有3厘米左右叶柄，将剪下的叶片插入消毒过的介质中，盆口覆薄膜，1~2个月左右叶柄处就会生根并萌发侧芽，这样新植株就会慢慢长成了。

5. 病虫害：非洲堇多见叶斑病、白粉病和食心虫等，叶斑病多从叶片下部开始，起初叶片出现微笑病斑，后逐渐蔓延，病斑面积扩大。白粉病是叶片出现退黄绿斑，严重时全株都覆盖一层白粉。发生着两种病害时要用百菌清、多菌灵、甲基托布津防治喷洒。若发生食心虫时，少时可用手工捕捉，多时要喷洒一些绿色环保的杀虫剂。

Q： 不同颜色非洲堇的寓意？

A： 红色——诚挚

　　粉红色——倾慕

　　白色——清纯

　　绿色——罕见

　　紫色——浪漫温馨

　　双色——难得

　　春节、圣诞节时可赠送给朋友红色和双色的非洲堇，情人节时宜赠送粉红色非洲堇给爱人。

月季

别称：月月红、瘦客、长春花

原产地 月季原产我国，有很长的栽培历史，全国各地均有分布，其中湖北、四川、甘肃等省最多。

Tips: 月季的栽培历史

相传在神农时代月季就变成家种，春秋时代的孔子曾记录过皇家园林中的蔷薇，其实也就是现在我们所说的月季，到了汉代，皇宫里已经大面积种植月季，明清时，已清晰分辨出月季和蔷薇，现在月季是我国的十大名花之一，有很多城市将其选为市花。

外貌 月季羽状复叶，长卵圆形，也变有锯齿，叶色深绿，叶面光滑，花朵簇生于枝头，多为重瓣，少有单瓣，花色众多，常见红色、黄色、粉红色、深红色、玫瑰紫色、橙色、绿色等。

Tips: 月季的品种

月季是目前颜色和品种最多的花。品种已有20000多种，颜色的丰富程度也是花中之最，有红、橙、白、紫，还有非常多混色、串色、复色、丝色、镶边等颜色类型。

月季的品种繁多，庭院栽培的多为灌木状月季，丛高1米以上。家庭中盆栽的都是小型月季，株高一般不超过25厘米。现月季主要分为香水月季、丰花月季、微型月季、攀缘月季。攀缘月季也就是藤本月季，多在庭院篱边或是公路隔离带处栽培，起到绿化和净化空气的作用。

○净化功能

月季不仅花美，且净化能力超强，可吸收空气中的苯、硫化氢、二氧化碳、氟化氢等有害物质，还能吸收乙醚、二氧化氮和氯气。而且月季的抗性极强，即便在空气污染严重的地区，它仍能健康生长。

○空间布置

　　一般藤本月季和灌木状高大的月季都栽种在庭院中，花美、叶绿、香气浓，再加上超强的净化能力，绝对是庭院绿化的优良花卉。小型月季可盆栽摆放到居室内，书房的书桌边，书柜顶或是客厅的茶几处，卧室的梳妆镜前，都非常适合摆放月季，为居室增添温暖喜庆的氛围。

○栽培管理

1. **介质**：月季喜欢保水好、保肥好、疏松的弱酸性土壤，可用泥炭土、腐叶土、有机肥等混合配制。给月季配土，不管任何土壤，都要保证肥力充足，要想月季生长旺盛，底肥是必不可少的。

2. **浇水**：春秋季，每天上午浇水一次，夏季早晚各浇水一次，冬天每周浇水2~3次，这个浇水的时间也要根据实际情况，如果天气阴湿，可适当延长浇水时间，如果天气干燥，可适当增加浇水次数。总之，要保持土壤微湿，不可断水太长时间。

○ 施肥

月季喜肥，植株的健康与否，开花多少、艳丽与否，都与肥力有密切关系。3月份施一次稀薄复合液肥，春季4~6月份，秋季9~10月，这两个时期每隔十天要施一次稀薄腐熟的豆饼水、麻渣水、鱼腥汁等。7、8两个月份温度高、湿度大，要暂停施肥，这段时间植株生长慢，几乎不需要施肥。

秋末冬初这段时间也不要施肥，冬末会进行翻盆，要施足底肥。

月季的药用功效

月季有活血调经、解毒消肿的功效，常用月季治疗女性经期病痛。月季花还可以提炼香精，月季所提炼出的香精价格堪比黄金，我们很多日用的护肤品都添加了月季香精，气味宜人且淡雅。

1. 光照： 月季喜光，但不喜强光，夏季光照过强时要适当避光。但月季对光照时长要求较多，春秋两季是主要生长季节，这时候每天至少需要8小时日照，如果日照时间太短，会使植株长势缓慢、枝干细弱、叶片不油绿、花色不鲜艳。总之，月季对光照时间的要求很多，一旦发现月季出现长势不佳、叶黄花淡的现象就要考虑是不是光照时间不够了。

2. 温度： 月季耐寒，15℃~26℃之间是最佳生长温度，夏季高于30℃，会长势缓慢或停止生长。冬季可耐零下15℃低温。

3. 修剪： 月季修剪很重要，伴随着不断生长要不断进行修剪，早春萌芽要进行疏芽、疏枝处理。春季4~5月第一批花后，要剪掉短枝、弱枝，过长的枝条一律剪短，未开花的枝条也要剪掉。第二批开花在夏季，这时植株生长缓慢，不适宜多剪、强剪，适当剪去枯黄枝、摘除过多花蕾即可。秋末要再进行一次修剪，修剪原则与春季第一批开花时修剪几乎相同。

4. 繁殖： 家庭繁殖最常用也是最简单的方法是扦插，一年四季都可以进行，选择健康的枝条做插穗，一般截取10厘米左右即可，将插穗插入到沙土中，一般15~30天就可以生根，如果是冬春季，可在盆上搭架覆膜，保证植株生根所需湿度。

5. 病虫害： 月季病害主要是灰霉病和黑斑病，虫害主要是蚜虫、刺蛾和叶蜂。这两种病害主要是由于环境温暖潮湿，通风不好导致的，都是从叶片开始染病，染病后的叶片出现水渍状的褐斑，面积逐渐扩大，出现病害后，要及时摘除病叶，并用多菌灵和百菌清溶液喷洒。蚜虫主要是每年第一批开花期最为严重，出现蚜虫的主要原因是植株通风不畅，光照不足。发现蚜虫除了要剪除有虫的枝条，还要喷杀虫剂。剩下两种虫害多发生在夏季7、8月份，少时手工捕捉，多时喷杀虫剂。

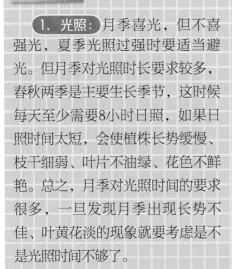

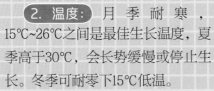

Q：月季在世界上的美誉？

A：早在公元前6世纪，希腊诗人就称月季是"百花的荣誉
和魅力，春天的欢乐和忧愁"。在德国，人们认为野生的
月季是永生的灵魂。在古罗马，月季象征着纯洁的信念和
能干的个性。现在，保加利亚、卢森堡、意大利、罗马尼
亚、英国、伊拉克、叙利亚、伊朗、摩洛哥、坦桑尼亚等
国都把月季当做国花，可见月季已广受世界人们的喜爱。

Q：不同颜色月季的寓意？

A：红色——热情、爱着您

　　粉红色——爱的誓言

　　白色——天真、纯洁

　　黄色——失恋、嫉妒

　　橙黄色——爱慕、真心

　　橙红色——富有青春气息、美丽

　　暗红色——独一无二、有创意

　　黑色——憎恨

天竺葵

吸附灰尘
净化空气
家装首选
监测环境
搭香除味
庭院栽培
室内栽培

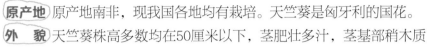

别称：洋绣球、入腊红、月月红

原产地 原产地南非，现我国各地均有栽培。天竺葵是匈牙利的国花。

外　貌 天竺葵株高多数均在50厘米以下，茎肥壮多汁，茎基部稍木质化，上有细毛。叶片互生，心脏形，叶缘具浅裂，花葶自叶丛中抽出，花簇生于花葶顶端，花伞状，有单瓣和复瓣之分，花色多，有粉红、淡红、橙黄、白色等。

○净化功能

天竺葵可吸收空气中的氯气、对二氧化硫和氟化氢有较强的抗性。天竺葵还有很强大的抗菌作用，可杀灭多种室内存在的真菌。天竺葵对乙烯气体较为敏感，周围一旦乙烯超标，便会引起花瓣脱落，天竺葵也可以监测乙烯。天竺葵因品种不同，香气各异，可有效调节室内空气，吸收有害气体的同时还能为居室增香。

Tips: 品种不同香气各异

香叶天竺葵散发玫瑰花香；

极香天竺葵散发苹果清香；

皱叶天竺葵散发橘子香味；

柠檬天竺葵散发柠檬香味；

芳香天竺葵散发松脂气味。

科属
牻牛儿苗科天竺葵属

○ 空间布置

在德国、法国等很多欧美国家，几乎家家户户窗台上都摆放着天竺葵，让人仿佛置身花海、流连忘返。天竺葵全年开花不断，摆放在家里任何位置都能显现出不错的装饰效果，阳台花架上、卧室窗台边、书房书桌上，或是走廊处，庭院进门处，不管摆在哪儿，让人一眼看到，都会感觉有欣欣向荣之景，增加正能量。

○ 施肥

春秋两季每周施一次稀薄的复合肥，夏季停止施肥。

○栽培管理

　　1. **介质**：天竺葵喜欢排水好的沙质土壤。可以用腐叶土、菜园土加河沙、少量骨粉配制。

　　2. **浇水**：天竺葵耐旱，比较不喜欢水湿环境，因为它的原产地是在非洲的沙漠地区，抗旱能力非同一般。在春秋季，可每1~2天浇水一次，冬季每周浇水1~2次，夏季每天浇水一次，或早晚各一次。夏季连阴天要少浇水，避免盆土过湿。

吸附灰尘

净化空气

家装宜选

监测环境

趣味除味

庭院栽培

室内栽培

〇日常养护

1. 光照： 天竺葵喜光，除了盛夏时节适当避光，其他季节都要保持充足光照，光照不足会影响开花。

2. 温度： 适宜生长温度15℃~25℃。冬季怕寒，不能低于5℃，夏季怕暑热，超过30℃会进入休眠期。

3. 修剪： 天竺葵要经常修剪，否则枝条过密，一来影响整体观赏性，二来容易导致病虫害。修剪的方法是先把内部过密的细弱枝条，从基部剪去。花开后要进行一次大的修剪，将枯黄叶片、病叶剪除，并要整体疏剪枝条。休眠期也要进行一次修剪，剪去发黄的叶片，过长的枝条剪短。

4. 繁殖： 天竺葵多用扦插法繁殖，剪下7厘米左右枝条，插入细沙中，一个月左右便可生根。

5. 病虫害： 天竺葵自身有很强的抗病能力，因此很少发生病虫害。但为了预防万一，要时常修剪，预防枝叶过密、通风不畅而患病。

Q：驱蚊草与天竺葵有关系吗？

A：驱蚊草是香叶天竺葵的商品名称，也就是在花市被叫做驱蚊草的植物其实就是香叶天竺葵。它能释放出淡淡的柠檬香味，对蚊虫有一定的驱赶作用。据说一盆中型植株驱蚊草可在10平方米的空间内有效驱蚊，但驱蚊草的香气在夜间尤其浓郁，但长期嗅闻这种香气会损伤神经系统。所以，如果想靠驱蚊草在夏天夜晚驱蚊，最好是摆放在阳台窗边，那里通风良好而且与卧室有一段距离，最好不要直接摆放在卧室内。

在人们常散步的公园可地栽驱蚊草，绿化的同时驱赶蚊虫，让夏夜乘凉散步的人群更加舒适。

橡皮树

别称：印度橡胶树、胶皮树

原产地 橡皮树原产地是印度、马来西亚。

外　貌 盆栽橡皮树分小型、中型、大型盆栽三种，中型盆栽株高50~100厘米之间，大型盆栽1~2米。橡皮树树皮光滑，叶片厚、革质，椭圆形，叶色浓绿至黑绿之间，富光泽。

○净化功能

橡皮树可以吸收空气中的一氧化碳、二氧化碳、氟化氢等有害物质，还有超强的滞尘作用。因此要经常擦拭叶片，为橡皮树去污，使植株看起来精神。

橡皮树还可以在厨房中净化油烟，试想一下，在油烟重地的厨房，一边炒菜，一转眼还能看到绿色植物，会不会烹饪的心情也变得不同了呢？橡皮树等于给厨房添加了一个新的吸油烟机，两台机器同时工作，厨房的空气也清新很多。

橡皮树还有一个超强的功效，那就是净化二手烟，它对尼古丁和各种烟气都有极佳的吸收作用。如果家里有烟民，为了其他家人的健康，摆放两盆橡皮树吧，净化烟气，还给家人清洁的空气。

科属
桑科榕属

○空间布置

　　大型橡皮树更适宜摆放在进门玄关处，一进门就能给人清凉之感，或是摆放在庭院中。中型橡皮树则可以摆放在客厅电视柜边，看电视觉得眼睛累了，转眼就能看到油绿的橡皮树，看电视娱乐之余还可以养眼。橡皮树还可以摆放在书房的墙角，既可以给厨房增添绿意还可以增氧，一举两得。

　　露地栽培的橡皮树能长到25米左右高，很多南方城市用橡皮树来绿化城市，栽培在花坛中心，城市步道左右，树形苍劲、叶大油亮，特别富有热带气息。

除了每年翻盆要施足底肥，春秋生长期间，每隔半月施一次稀薄腐熟的饼肥水，秋末开始可减少施肥，或暂停施肥。

吸附灰尘

净化空气

家装首选

监测环境

增香除味

庭院栽培

室内栽培

○栽培管理

1. **介质**：疏松、肥沃的偏酸性土壤适合栽培橡皮树，可用泥炭土、河沙、腐叶土加少量底肥配制。

2. **浇水**：橡皮树喜水，夏季要常浇水，早晚各一次，蒸腾过快时要向叶面喷水。秋冬季保持土壤微湿。夏季雨水多时要注意防涝，积水会使植株烂根。不管任何季节，因橡皮树的特殊净化作用，呼吸、蒸腾作用快，叶片吸附灰尘多，都要经常给叶片喷水。

吸附灰尘

净化空气

家装宜选

监测环境

挥发除味

庭院栽培

室内栽培

○日常养护

1. 光照： 橡皮树喜散射光，长期避光会使叶片变黄。应置于有充足散射光的地方，夏季注意避光，其他三季都要放在温暖向阳的地方。

2. 温度： 橡皮树是热带植物，不耐寒，最适宜的生长温度是15℃~25℃，高于35℃要挪到庇荫通风处，并喷雾降温。冬季低于5℃会进入半休眠期。

3. 修剪： 橡皮树在幼苗时就要注意修剪，20厘米左右时要进行摘心，以促使侧枝萌发，株型更饱满。随着植株的生长，要将过长枝条剪短，黄叶枯叶去除，以免影响整体观赏性。

4. 繁殖： 繁殖橡皮树扦插最容易成活，选1~2年生枝条，留取3个芽，芽节以上要保留1厘米长，以防嫩芽枯萎，插穗顶部最好半木质化，这样更易发根。插穗插入沙床中，放到通风庇荫处，每天给插穗喷雾，保持一定湿度，一个月左右就可以生根。

5. 病虫害： 炭疽病和灰斑病是橡皮树常见病害。炭疽病先从叶片发起，叶边出现淡褐色病斑，逐渐扩大到叶片中心部位，发病后要及时剪掉病叶病枝，并用百菌清溶液喷洒。灰斑病从树干开始，茎干呈现溃疡状的下陷，剥去树皮，会发现茎干内部已经变黑。灰斑病多从植株切口处感染，因此一旦植株有伤口，要赶紧涂抹一些草木灰或是多菌灵粉末，避免从伤口处感染。

Q：花叶橡皮树与橡皮树是什么关系？

A：花叶橡皮树是橡皮树的园艺品种，它与橡皮树同是桑科榕属的观叶植物。花叶橡皮树与橡皮树外形相似，唯一的区别便是绿色的叶面上有灰绿色或黄白色的斑纹或斑点。花叶橡皮树比橡皮树更具有热带风情，小型植株可以摆放在书桌边，工作学习之余，看看随风摇曳的枝叶会放松心情。中型植株可以摆放在客厅或是玄关处，为居室增添绿意。花叶橡皮树的养殖方法与橡皮树基本相同。

蕨类

吸附灰尘
净化空气
家装首选
监测环境
提香除味
庭院栽培
室内栽培

原产地 蕨类分布在世界各地，亚洲、非洲多地均有，在我国，西南地区是世界蕨类的分布中心之一，云南、台湾的蕨类植物种类繁多，云南的蕨类植物多达1400种，台湾630多种。全世界现有发现的蕨类植物有12000种之多，主要分布在热带和亚热带地区。蕨类植物的年龄可与恐龙相比，在志留纪晚期开始出现，那个时候还不叫蕨类植物，叫做"羊齿植物"，那时还是高大的乔木，现已经过进化为低矮的草本。

外 貌 蕨类因种类不同，外貌也千差万别。目前，市面上常见的，用来装点居室的有鸟巢蕨、肾蕨、银脉凤尾蕨、华盖蕨、散尾蕨、纽扣蕨等。

蕨类的样貌虽千差万别，但它有一种特殊的繁殖方式却是很多植物不具有的，那就是孢子繁殖，孢子繁殖属无性繁殖，就蕨类而言，是在叶片背面长出新的生殖细胞，生殖细胞可长成新个体，在植物界，现在可以进行无性孢子繁殖的只有蕨类、藻类、菌类、苔藓等。

○净化功能

对于蕨类的净化作用，曾有相关部门做过权威鉴定，蕨类植物在白天，光照充足时，蒸腾量非常小，到了晚上，周围环境温度降低后，叶片背面的气孔开启吸收二氧化碳，增加氧气浓度，降低二氧化碳浓度。也就是说，卧室中是可以放心摆放蕨类的，它既不会与人争氧，反而会增氧，让睡眠环境更加舒适。

除了有效净化空气，蕨类植物还能吸收家装残留有害物质，对办公设备中释放的甲苯和二甲苯，也有超强吸收作用。据江苏省环境监测中心出具的检测报告显示：鸟巢蕨对甲醛的降解率为75%，对苯的降解率为85%；鹿角蕨、狼尾蕨、凤尾蕨对甲醛的降解率为65%，对苯的降解率为78%。家庭、办公室、各种公共场所都适合养殖蕨类植物，蕨类植物对光照需求不多，很多办公场所采光都不甚理想，很多大叶的绿植生长困难，蕨类恰好相反，在阴暗的环境中依旧能正常生长。

○空间布置

蕨类植物随着慢慢长大，可做垂挂植物使用。用吊盆吊挂在墙壁上，或是摆放在搁板上，都能凸显出植物独特的美感。在书房的高脚架上摆放一盆肾蕨，枝叶四垂，叶色翠绿可人，仿佛有置身热带雨林的感觉。

卫生间、厨房这些相对采光差，阴暗潮湿的地方，刚好是蕨类植物大展拳脚的地方。蕨类植物还是混栽的理想植物，与其他观花植物搭配，譬如在大花蕙兰的周边种几颗纽扣蕨或肾蕨，相间点缀几棵网纹草，效果会比单独种植观赏性更强。

○ 施肥

生长期每月施2~3次稀薄腐熟复合肥，入冬停止施肥。

 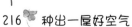

○**栽培管理**

　　1.**介质**：栽种蕨类植物最好用疏松、肥沃、排水好的土壤，腐叶土、沙土、泥炭土加适量底肥可配制。

　　2.**浇水**：喜湿，要经常浇水，向叶片喷水，保持周围环境湿润，但盆土不可以积水。

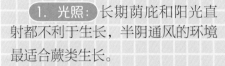

○日常养护

1. 光照：长期荫庇和阳光直射都不利于生长，半阴通风的环境最适合蕨类生长。

2. 温度：最适宜生长的温度是15℃~24℃，冬季低于5℃植株叶片会变黑，高于35℃会生长缓慢。

3. 修剪：随时发现枯黄枝条、病虫枝、黄叶落叶都要及时剪除。

4. 繁殖：蕨类植物除了孢子繁殖外，家养蕨类还可以进行分株和扦插，分株即将蕨类从盆中倒出，分成若干小株，但每一个株丛都要带有须根，这样才能保证分株成功。扦插法也可以用来繁殖蕨类，即剪下叶片扦插于介质中，生根后即可移栽变成新的植株。

5. 病虫害：蕨类植物最喜欢高温高湿的环境，因此容易患一些因潮湿而引起的病虫害，如炭疽病、煤污病、褐斑病、线虫病、介壳虫、蚜虫等。这些病虫害前面都有介绍过治疗方法，但防患于未然更重要，平时种植蕨类要注意通风，通风不好所有植物都容易患病。家庭治疗植物的病虫害，不建议选用氧化乐果、敌敌畏这些高毒性的农药。一是家庭使用量很少，这些农药都要经过准确配比，容易造成浪费；二是这些农药具有很强的毒性，对人体伤害大，且容易造成环境污染，家庭种花，尤其是室内，根本不能使用。

家庭种花防治病虫害要选择无公害、绿色环保的，如多菌灵、百菌清、杀虫王、土虫丹、介壳灵、病虫清等。

Q: 蕨类中最高大的种类是什么？

A：当杪椤是蕨类植物中最高大的种类，属于国家一级保护植物。杪椤与恐龙是同时代的植物，它的外形很像一棵树，多生长在温度高、湿度大的林下和阴地上，主要分布在我国南方热带、亚热带地区，杪椤有木质化的茎干，羽叶长到树干顶端，因此也被叫做"树蕨"。

Q: 鹿角蕨是形似鹿角吗？

A：鹿角蕨的叶片形似鹿角，在野生环境中，它主要附生在高大的树木上，在很多温室中被引种培育为观赏植物。现在我们常见的鹿角蕨叶色翠绿，形似鹿角，喜欢阳光，需要在阳光下进行光合作用的。在野生环境中，还有一种鹿角蕨是不需要进行光合作用的，它的叶片是腐殖叶，在细菌和微生物的协助下供给养分生长。

Q: 家庭栽培最广泛的蕨类是哪种？

A：铁线蕨是目前家庭栽培最普及的一种蕨类。铁线蕨叶柄细长，紫黑色，有光泽，叶片小巧，叶边有不规则锯齿，株型小巧、形态优美，非常适合单独栽培或是与其他植物混栽。